1

国家水网工程可持续运行关键技术研究

柳长顺 仇 越 雷冠军 鞠茜茜 黄 鑫 等 著

科学出版社
北 京

内 容 简 介

本书对影响国家水网工程可持续运行的关键技术进行了深入研究，包括国家水网工程可持续性评价方法、国家水网工程管理体制合理性评估方法、工程管理体系智能化评估方法、工程效益评估方法、综合水价形成机制及测算模型等；并以胶东水网工程、胶东调水工程、引黄济青工程等工程为例进行了实证研究，形成了可复制、可推广的水网工程可持续运行关键技术体系。

本书可供水文学及水资源、水利工程学科的科研人员、大学教师、本科生和研究生，以及从事水资源管理、水资源评价与规划、水利工程管理等工作的技术人员参考。

图书在版编目(CIP)数据

国家水网工程可持续运行关键技术研究 / 柳长顺等著. -- 北京：科学出版社, 2025. 6. -- ISBN 978-7-03-082409-7

Ⅰ. TV213.4

中国国家版本馆 CIP 数据核字第 2025XA9577 号

责任编辑：王 倩 / 责任校对：樊雅琼
责任印制：徐晓晨 / 封面设计：无极书装

科 学 出 版 社 出版
北京东黄城根北街 16 号
邮政编码：100717
http://www.sciencep.com

北京九州迅驰传媒文化有限公司印刷
科学出版社发行 各地新华书店经销

*

2025 年 6 月第 一 版 开本：787×1092 1/16
2025 年 6 月第一次印刷 印张：10 1/4
字数：250 000
定价：158.00 元
(如有印装质量问题，我社负责调换)

前 言

"水网建设起来，会是中华民族在治水历程中又一个世纪画卷，会载入千秋史册"。构建国家水网工程是党中央从中华民族永续发展的战略高度提出的战略性决策部署，根据"确有需要、生态安全、可以持续"的重大水利工程论证原则，国家水网工程可持续运行研究至关重要，其可持续运行关键技术方法以及应用是需要深入研究的重大课题，本书对此进行了系统性探索。

本书共分7章：第1章绪论介绍研究背景及水网可持续性相关研究进展，由仇越、柳长顺撰写；第2章进行国家水网工程可持续性评价研究，由仇越、杨永森、柳长顺撰写；第3章探索国家水网工程管理体制的合理性，由仇越、柳长顺、杨永森撰写；第4章提出工程管理体系智能化评估方法，由雷冠军、柳长顺撰写；第5章提出工程效益评估方法，由鞠茜茜、柳长顺撰写；第6章建立综合水价形成机制及测算模型，由黄鑫、柳长顺、张春玲撰写；第7章结论与建议，由柳长顺、仇越撰写。全书由柳长顺、仇越校核统稿。

本书的研究工作得到了国家重点研发计划课题"国家水网经济生态效应模拟与可持续性研究"（2021YFC3200205）和山东省调水工程运行维护中心项目"基于引黄济青工程的智慧调水关键技术研究与应用"资助。上述课题的研究以及本书的撰写得到了有关专家的大力支持与协助，在此表示诚挚的感谢！

由于研究内容的复杂性，加之时间仓促及作者水平有限，书中不妥之处敬请批评指正。

作 者

2024年9月

目 录

前言
第1章 绪论 ··· 1
  1.1 我国基本国情水情 ·· 1
  1.2 国家水网工程建设进程 ·· 2
  1.3 水网研究文献计量分析 ·· 4
  1.4 国家水网相关水利工程可持续性及运行风险研究进展 ································· 7
第2章 国家水网工程可持续性评价 ·· 11
  2.1 国家水网工程可持续性理论 ·· 11
  2.2 国家水网工程可持续性评价指标体系 ··· 14
  2.3 国家水网工程可持续性评价模型构建 ··· 24
  2.4 胶东水网工程可持续性评价 ·· 39
  2.5 小结 ·· 44
第3章 国家水网工程管理体制合理性研究 ·· 46
  3.1 理论基础与研究思路 ·· 46
  3.2 管理体制方案设置 ··· 47
  3.3 管理体制方案比选 ··· 49
  3.4 结果分析 ··· 56
  3.5 机构设置 ··· 59
  3.6 小结 ·· 60
第4章 工程管理体系智能化评估方法 ·· 61
  4.1 智慧评价的理论基础 ·· 61
  4.2 智慧管理体评价理论 ·· 80
  4.3 指标体系构建 ··· 83
  4.4 水利工程管理考核评估 ·· 87
  4.5 数据采集 ··· 89
  4.6 评估模型及步骤 ·· 90
  4.7 结果与预期效果分析 ·· 92
  4.8 小结 ·· 94

第 5 章　工程效益评估方法 ·· 95
　5.1　目标任务 ··· 95
　5.2　一般均衡模型 ··· 96
　5.3　系统开发 ··· 98
　5.4　青岛供水效益测算 ··· 99
　5.5　小结 ·· 111
第 6 章　综合水价形成机制及测算模型 ·································· 112
　6.1　大型基础设施网络定价机制借鉴 ·································· 112
　6.2　水网工程特征及分类分析 ······································· 119
　6.3　区域综合水价形成机制分析 ····································· 121
　6.4　区域综合水价模型构建 ··· 124
　6.5　案例研究——以胶东水网工程为例 ······························· 128
　6.6　小结 ·· 148
第 7 章　结论与建议 ··· 149
参考文献 ··· 151

第1章　绪　　论

1.1　我国基本国情水情

中国南北跨度大，地势西高东低，大部分位于季风气候区，并且人口众多。与其他国家相比，中国的水情具有特殊性，主要表现在以下四方面。

水资源时空分布不均，人均占有量低。中国水资源总量多，但人均水资源占有量、亩①均水资源占有量远低于世界平均水平。从水资源的时间分布来看，年内和年际降水量变化很大，60%~80%集中在汛期，地表径流年际丰枯变化一般相差2~6倍，最大可达10倍以上。从水资源的空间分布来看，中国北方的土地面积、耕地面积和人口分别占全国的64%、60%和46%，而水资源量仅占全国水资源量的19%，其中黄河、淮河和海河流域的GDP约占全国GDP的1/3，而水资源量仅占全国水资源总量的7%，是中国水资源供需矛盾最严重的地区。由于气候变化和人类活动影响，20世纪80年代以来，中国的水资源状况发生了重大变化，黄河、淮河、海河和辽河流域的水资源总量减少了13%，其中海河流域减少了25%（王浩和王建华，2012）。总的来说，中国的水资源禀赋条件并不优越，特别是水资源在时间和空间上的分布不均，导致中国水资源的开发利用工作既困难又繁重。

河流水系复杂，南北差异很大。中国地形从西到东呈三级阶梯分布，丘陵和高原占中国陆地总面积的69%，流域面积达100km²以上的河流有5万多条，分为长江、黄河、淮河、海河、松花江、辽河和珠江七大干流及其支流，以及主要分布在西北部的内陆地区河流、东南沿海地区入海河流和边境地区的跨界河流，构成了中国河流水系的基本框架。河流水系南北差异大，南方河网密度大，水量丰富，一般全年都有水；北方河流水量小，多是季节性河流，上游狭窄，坡度大，冲刷严重；中下游河道相对平坦，部分河段淤塞严重，有的甚至成为地上河。例如，黄河中下游的河床高于两岸地面达13m。河流的这些特点，加之人口众多和人水关系复杂，决定了中国河流治理难度大。

地处季风气候区，暴雨洪水频发。受季风气候影响，我国大部分地区在夏季都是潮

---

① 1亩≈666.67m²。

湿、高温、多雨的，局部暴雨持续时间短、强度大，而持续时间长、范围大的流域降雨也时有发生，几乎每年都会发生不同程度的洪水灾害（夏军和石卫，2016）。例如，在1954年和1998年的梅雨期，长江流域先后出现9次和11次大暴雨，形成全流域大洪水；1975年8月，受台风影响，河南驻马店林庄6h降水量达到830mm，超过了当时的历史纪录，造成了灾难性的洪水，致使板桥和石漫滩水库的溃坝。2021年7月18日18时至21日0时，郑州出现罕见持续强降水天气过程，全市普降大暴雨、特大暴雨，累计平均降水量449mm，造成了巨大的经济损失和人员伤亡。我国的主要城市、重要基础设施和主要粮食产区主要分布在河流沿岸，全国1/3的人口居住在七大河流防洪保护区内，拥有22%的耕地和约一半的经济总量。随着人口的增长和财富的积累，国家对防洪安全的要求越来越高，防洪任务更加繁重。

水土流失严重，水生态环境脆弱。由于特殊的气候和地形条件，特别是我国山地众多、降雨集中、人口多、生产建设活动不合理，是世界上水土流失最严重的国家之一，2023年全国水土流失面积达263万km²，占我国陆地面积的27%以上。从水土流失分布来看，水土流失面积集中在西部地区。从土壤侵蚀的源头来看，坡耕地和侵蚀沟是水土流失的主要来源，3.6亿亩坡耕地的水土流失量占全国水土流失量的30%以上，侵蚀沟的水土流失量约占全国水土流失量的40%。此外，我国约39%的土地位于干旱和半干旱区，降水量少，蒸发量大，植被覆盖率低，尤其在西北干旱地区，生态环境脆弱。例如，塔里木河、黑河、石羊河等生态脆弱的河流对人类活动非常敏感，恢复难度大。

1.2　国家水网工程建设进程

在中华人民共和国成立之初，中国的大部分河流处于不受控制或受控制程度较低的自然状态，水资源开发利用水平低，农田排灌设施极度匮乏，水利工程建设极不健全。中华人民共和国成立以来，中国以防洪、供水、灌溉等为重点，开展了大规模水利建设，初步形成了大中小微结合的水利工程体系，水利建设面貌发生了根本性变化。

一是主要江河防洪减灾体系基本形成。七大河流基本形成了以骨干枢纽、河道堤防、蓄滞洪区等工程措施和水文监测、预警预报、防洪调度等非工程措施相结合的防洪减灾系统。截至2023年底，全国已建成堤防33万km，是中华人民共和国成立之初的8倍；水库从中华人民共和国成立前的1200多座增加到了9.86万座，总库容从约200亿m³增加到9999亿m³，调蓄能力不断提高。

二是水资源配置格局逐步完善。通过修建水库、跨流域和跨区域引调水工程解决水资源时空分布不均的问题。目前，我国已初步形成集蓄水、引水、调水于一体的水资源配置体系（王浩和游进军，2016）。例如，密云水库、潘家口水库的建设为北京和天津提供了重要的水源，辽宁大伙房水库输水工程和引黄工程等工程的建设缓解了辽宁中部城市群和青岛的供水紧张问题。随着南水北调工程的建设，我国"四横三纵、南北调配、东西互济"的水资源配置格局已经初步形成（吴海峰，2016；左其亭等，2021）。全国水利工程年供水能力比中华人民共和国成立初期增长8倍以上，城乡供水能力显著提高。

三是农田排灌体系初步建立。中华人民共和国成立以来，尤其在20世纪50年代和20世纪70年代进行了大规模农田水利建设，大力发展灌区，提高低洼易涝地区的排水能力，农田灌溉和排水系统初步建立。全国农田有效灌溉面积从中华人民共和国成立初期的2.4亿亩增加到2023年的10.8亿亩，其中灌溉面积超过1万亩的灌区有7300多处，有效灌溉面积居世界第一。通过实施灌区续建配套设施和灌区节水改造发展节水灌溉，截至2023年底，全国高效节水灌溉面积达到4.1亿亩，农田灌溉水有效利用系数提高到0.576。农田水利建设大大提高了农业综合生产能力，为保障国家粮食安全做出了重大贡献。

四是水土资源保护能力提高。在水土流失防治方面，以小流域为单位，山水田林路村统筹规划，采取工程措施、生物措施和农业技术措施，全面治理长江、黄河上中游等水土流失严重地区；充分利用大自然的自我修复能力，在关键区域实施封育保护措施。党的十八大以来，累计治理水土流失面积超过60万 km^2。在生态脆弱型河流治理中，通过加强水资源的统一管理调度、加大节水力度、保护水源等综合措施实现黄河不再断流，塔里木河、黑河、石羊河、白洋淀等河湖的生态环境得到一定改善。在水资源保护方面，建立了以水功能区和河流排污口监督管理为主要内容的水资源保护体系，将"三江三湖"、南水北调水源区、饮用水源区和严重超采地下水区作为重点，全国水环境显著改善。

我国水利发展虽然取得了巨大成就，但与经济社会可持续发展的要求相比，一些问题仍然十分突出，主要表现在洪涝灾害频繁、水资源供需矛盾突出、农田水利建设滞后、水利设施薄弱、水资源缺乏有效保护、水利发展体制机制不畅等方面（李原园，2021）。此外，已经建成的水利工程与我国众多的自然河湖水系协同构成了我国的水资源网络（徐宗学等，2022），其是我国进行水资源时空调配的重要手段，但各流域间连通作用不强，现代化水平不够高，还存在诸多不足与短板（李宗礼等，2021）。

因此，国家在"十四五"规划中明确决定实施国家水网（郭旭宁等，2019；刘璐，2021）重大工程。党的十九大报告把水利摆在九大基础设施网络建设之首。2021年底水利部印发的《关于实施国家水网重大工程的指导意见》（以下简称《指导意见》）和《"十四五"时期实施国家水网重大工程实施方案》（以下简称《实施方案》）明确了加快推进国家水网重大工程建设的主要目标，重点围绕完善水资源优化配置体系，系统部署各项任务措施。《指导意见》要求到2025年，建设一批国家水网骨干工程，《实施方案》将《指导意见》提出的任务进一步细化实化为59项具体措施，并分别明确责任单位和完成时限。《指导意见》和《实施方案》的发布是国家对国家水网工程进行的整体布局和长远规划，是适应时代要求、符合发展规律的重要指示，是国家水网建设过程中的重大进展，是国家水网研究从理论到实践的重大跨越。2022年全国水利工作会议强调要完善流域防洪工程体系，加快国家水网重大工程建设，提升水资源优化配置能力，统筹水灾害、水资源、水生态、水环境系统治理，推动新阶段水利高质量发展，为全面建设社会主义现代化国家提供有力的水安全保障。2023年5月，中共中央、国务院印发《国家水网建设规划纲要》，提出到2035年，基本形成国家水网总体格局，国家水网主骨架和大动脉逐步建成，省市县水网基本完善。

1.3　水网研究文献计量分析

使用中国学术期刊全文数据库（中国知网）作为数据来源，以主题或关键词"水网"为筛选条件，选择学术期刊作为文献类型，检索到了3202篇文献。在进行二次筛选时，剔除了访谈、新闻报道、会议活动通知、读者反馈等非学术文章，以及相关性欠缺的文献，最终确定了1058篇有效文献。随后，使用CiteSpace 6.1.R6软件对这1058篇文献进行了计量分析。

(1) 水网研究发文数量变化趋势

根据图1-1的统计结果，对选取的1058篇文献按照发表时间进行分析，发现水网研究自1984年开始在国内出现。此后，水网研究发文数量总体呈现稳定上升的趋势，尤其在2009~2011年，水网研究发文数量有明显增加，从29篇增加到了65篇。然而，2011~2020年，水网研究发文数量呈现下降趋势。不过，2020~2022年，水网研究发文数量再次大幅上升，达到了89篇。结果表明，水网研究发文数量整体上呈上升趋势。在1058篇文献中，直接研究国家水网的文献仅有76篇，但2020~2022年水网研究发文数量呈现大幅上升的趋势，说明国家水网研究目前尚处于起步阶段，但有望成为未来的研究热点。

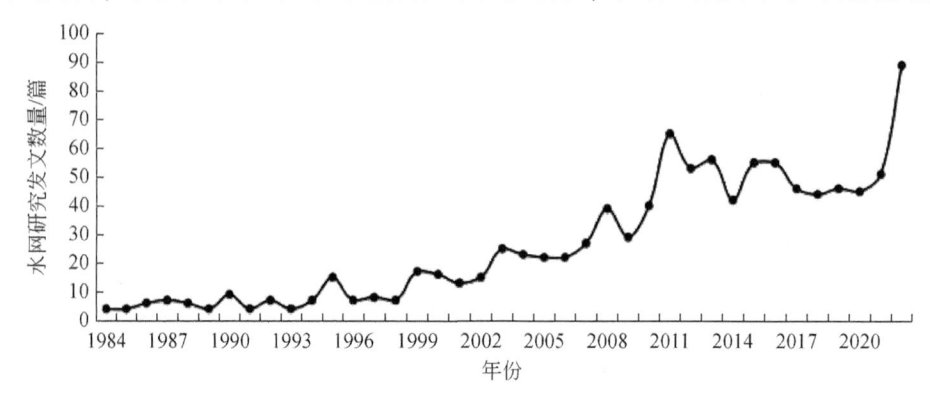

图1-1　水网研究发文数量年度变化

(2) 关键词共现分析

关键词在文献研究中扮演着概括研究核心主题的重要角色。因此，在特定研究领域，通过对关键词的共现分析可以了解研究的热点和发展趋势。对选取的1058篇文献进行关键词共现分析，得到了频次≥10的关键词，详见表1-1。此外，从水网研究文献中关键词共现网络图谱（图1-2）可以观察到，研究热点集中在生态水网、现代水网、水网建设、智慧水网等方面。同时，针对国家水网的研究已经初具规模。

表1-1 水网研究文献中频次≥10的关键词

序号	关键词	频次	序号	关键词	频次
1	水网地区	72	7	水网工程	19
2	现代水网	45	8	水资源	18
3	水网	38	9	智慧水网	17
4	生态水网	35	10	规划	16
5	大水网	29	11	供水工程	12
6	水网建设	23	12	国家水网	10

图1-2 水网研究文献中关键词共现网络图谱

(3) 关键词突现分析

关键词突现分析是对频次变化率高、增长速度快的关键词进行检测，进而形象展示该领域内某研究热点随时间的变化情况。对水网研究领域的关键词进行突现分析，共检测到12个突现词，见图1-3。可以看出，2007～2016年突现词为生态水网，主要研究水网工程与生态环境之间的协调与兼容程度。

关键词	年份	长度	出现年份	结束年份	2000~2023年
施工	2002	4.01	**2002**	2009	
生态水网	2007	7.14	**2007**	2016	
规划	2011	3.68	**2011**	2013	
现代水网	2011	7.08	**2012**	2016	
水资源	2008	4.57	**2012**	2018	
智能水网	2012	3.88	**2012**	2016	
水网工程	2014	4.48	**2014**	2021	
大水网	2003	3.7	**2014**	2018	
智慧水网	2011	4.11	**2017**	2023	
国家水网	2021	5.39	**2021**	2023	
水网建设	2004	5.06	**2021**	2023	
水系连通	2021	3.22	**2021**	2023	

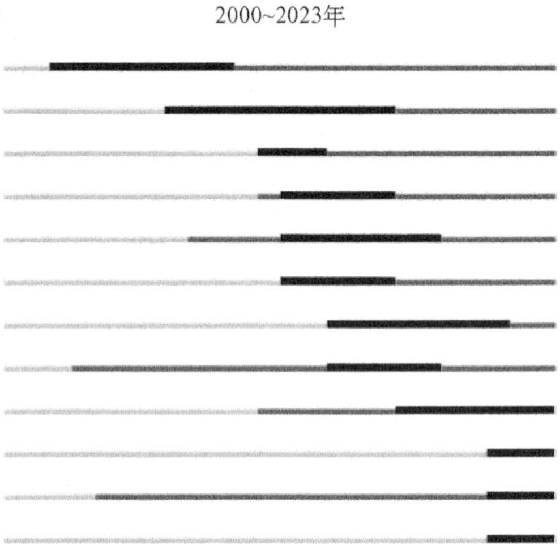

图1-3 水网研究文献中关键词突现分析

年份表示该关键词第一次出现的年份，出现年份表示该关键词作为研究前沿热点的起始年份

从2012年开始，现代水网、智能水网等研究开始出现，国家编制"十四五"规划时，将国家智能水网的研究划定为国家水网智能化（刘辉，2021）部分的研究，因此国家智能水网研究可以归结为国家水网研究的前身。在智能水网研究领域，中国水利水电科学研究院有关学者从概念解析、建设思路、结构组成、核心技术等方面进行了深入研究。匡尚富和王建华（2013）首次提出了我国智能水网的概念和系统结构。尚毅梓等（2015）阐释了水网智能化的概念，积极探索了我国智能水网工程的建设思路。王建华等（2018）提出了智能水网是由水物理网、水信息网和水管理网耦合组成的复合网络系统。蒋云钟等（2021）从技术维度提出了智慧水利的赋能体系与核心技术，包括水利工程智能体、业务管理智慧体以及数字孪生、物联网、大数据等。于翔等（2020）将数字水网应用于京津冀地区的水功能区考核管理，实现了可视化的数字水网与业务融合应用。智能化是国家水网的主要特征之一，国家水网工程建设不仅是物理水网如河湖水系与调水工程的连通，还是水利技术、水利业务与实体水网的孪生与融合。因此，物理、信息、管理三网合一及数字孪生、业务融合等是未来智能水网研究的重点（张万顺和王浩，2021），也是智慧水利发展的趋势和落脚点。从2021年起，针对国家水网的研究开始涌现，并且研究主题集中于水网建设、

水系连通等方面，说明针对国家水网可持续性及其运行风险方面的研究较为薄弱。

1.4 国家水网相关水利工程可持续性及运行风险研究进展

我国的跨流域调水工程与经济、生态和社会发展的关系密切。实现跨流域调水工程产生最大效益与最小负效应的关键在于确保其影响区域经济、生态和社会的可持续性（吴战勇，2014；张雁等，2017；顾浩，2009）。目前，针对水利工程可持续性的研究集中在水利工程对生态环境可持续能力的影响，以及水利工程所带来的经济、生态和社会效益等方面。表1-2总结了当前水利工程可持续性研究内容、研究方法与研究对象。

表1-2 水利工程可持续性研究内容、研究方法与研究对象汇总

研究内容	研究方法	研究对象
水利工程对生态环境可持续能力的影响	生态足迹模型	南水北调中线工程水源地三峡库区
	河流一维水动力学模型	南水北调工程
	水体富营养化模型	南水北调工程
	"压力-状态-响应"评价模型	南水北调中线汉中市水源地
	MIKE SHE 模型和系统动力学（SD）模型耦合	南水北调工程
	融入优劣解距离法（TOPSIS）思想的改进的投影寻踪模型	湖北三峡库区
水利工程所带来的经济、生态和社会效益	缺水损失法、分摊系数法、机会成本法、最优等效替代费用法等	南水北调、引黄济青等工程
	基于生态系统服务功能理论的生态环境效益评估	南水北调东线一期工程受水区
	改进云模型	南水北调东线工程
	施塔克尔贝格（Stackelberg）分散决策模型和集中决策模型	南水北调工程可持续供应链
	改进的动态可计算一般均衡模型	河南南水北调中线工程
	中介效应模型和调节效应模型	三峡库区

在水利工程对生态环境可持续能力的影响研究中，生态足迹模型应用较广，主要用于工程水源地生态足迹、生态承载力和生态盈亏的计算分析以及水源地可持续发展现状的实证分析（胡江霞等，2015；Wang et al.，2017；Feng and Zhao，2020）。河流一维水动力学模型与水体富营养化模型适用于分析水利工程对河流水环境容量和水华发生概率的影响（窦明等，2005）。王志杰和苏嫄（2018）采用"压力-状态-响应"评价模型框架对南水北调中线汉中市水源地进行了生态脆弱性评价。秦欢欢等（2019）模拟了南水北调对华北平原水管理的影响。穆贵玲和邵东国（2014）建立了湖北三峡库区水资源可持续评价指标

体系，并运用融入 TOPSIS 法思想改进的投影寻踪模型进行了水资源可持续评价。

在水利工程所带来的经济、生态和社会效益研究中，直接市场法、缺水损失法、分摊系数法、影子水价法等方法（包怡斐和孙熙，1997）可以用于计算工程对受水区产生的各种效益，但这些方法相对传统，计算精度有待提高。当前基于各种改进模型进行水利工程效益分析计算应用较为广泛，与传统方法相比，其分析灵活性较大且计算准确度较高（聂常山等，2020）。杨爱民等（2011）评估了南水北调东线一期工程受水区生态环境效益。杨子桐等（2021）基于组合权重和改进云模型的综合评价方法对南水北调东线工程效益进行了综合评价。卢亚丽等（2021）通过构建斯塔克尔伯格（Stackelberg）分散决策模型和集中决策模型进行了南水北调工程可持续供应链利益协调分析。赵晶等（2019）采用改进的动态可计算一般均衡（CGE）模型，评估了河南南水北调中线工程供水的社会经济效益。胡江霞等（2021）基于中介效应模型和调节效应模型，提出了保证贫困农民生计可持续性的关键是生计成本和生计风险管理。在实际应用中，采用何种方法进行水利工程的经济、生态和社会效益评估计算需要结合受水区的环境特征和社会状况综合分析后确定。

表 1-3 显示了水利工程可持续运行风险研究内容、研究方法与研究对象。根据汇总结果，我国现有针对水利工程可持续运行风险的研究对象集中在南水北调和三峡水库两个重点水利工程，研究内容重点集中于工程风险评价，研究内容包含工程风险、经济风险、社会风险、生态风险和管理风险等方面。

表 1-3　水利工程可持续运行风险研究内容、研究方法与研究对象汇总

研究内容	研究方法	研究对象
工程风险	决策实验室分析法和解释结构模型	长距离引水工程
	诱导有序加权平均（IOWA）-云模型	长距离引水工程
	结合费思肯尼（FineKinney）评价方法和模糊推理系统的风险评价模型	南水北调中线总干渠
	失效模式与影响分析（FEMA）风险评估模型 模糊多准则妥协解排序方法-失效模式响应分析（VIKOR-FMEA）风险评估模型	南水北调工程
	建立工程风险数据库	南水北调中线工程
	风险指数矩阵法	南水北调进京南干渠
	基于直觉模糊集理论的多属性评价模型	南水北调中线明渠工程
经济风险	可拓评估模型	水利工程
	熵权法	水利工程
社会风险	社会系统脆弱性评估模型	三峡工程万州地区
	改进的等级全息建模（HHM）识别方法	南水北调东线工程
	基于代理（Agent）的南水北调工程社会风险管理政策制定模型	南水北调工程

续表

研究内容	研究方法	研究对象
生态风险	遥感（RS）和地理信息系统（GIS）结合基础学科方法建立模型	水利工程
	科普拉（Copula）函数、贝叶斯网络、经验正交分析	南水北调中线水源区与受水区
	欧盟环境风险评价方法	三峡库区主要水域
	物种敏感性分布（SSD）法、地累积指数法、单因子重金属潜在生态风险指数法和沉积物质量基准法	南水北调中线总干渠 三峡库区支流河口
	压力-状态-响应模型 正态云模型	三峡库区
	蒙特卡罗法辅助层次分析法	南水北调东线山东段
管理风险	工程风险管理	水利工程
	经营管理风险指标体系	南水北调东线工程

根据文献研究内容与研究方法的汇总结果，当前研究内容侧重于工程风险与生态风险，经济风险、社会风险和管理风险的研究内容相对较少。在水利工程经济风险研究中，可拓评估模型与熵权法有所应用，但研究缺乏相关水利工程实证分析（张坤等，2014；栾春红，2016）。社会风险研究方面，黄德春等（2013）建立了重大水利工程社会系统脆弱性评估模型及评价指标体系。吕周洋等（2009）采用改进的 HHM 建模识别方法和基于 Agent 的南水北调工程社会风险管理政策制定模型，识别了南水北调东线工程的社会风险因子（张婕等，2009）。在管理风险研究中，工程风险管理方法应用普遍（聂相田等，2011；Hartmann and Juepner，2017），Chen 等（2011）针对南水北调东线工程建立了经营管理风险指标体系。

在工程风险研究中，FMEA 风险评估模型在南水北调工程运行安全风险研究中应用十分广泛（马力和刘汉东，2022；李慧敏，2021），汪伦焰等（2020，2021）创新性引入 VIKOR 构建了模糊 VIKOR-FMEA 风险评估模型，相比传统 FEMA 法分析准确度有所提高，并运用结合 FineKinney 评价方法和模糊推理系统的风险评价模型，对南水北调中线总干渠运行风险进行了评价。聂相田等（2019，2022）基于决策实验室分析法、解释结构模型以及 IOWA-云模型等方法对长距离引水工程运行安全风险进行了一系列研究。Zhou 等（2021）基于实体关系图的方法建立了一个完整的工程风险数据库。马婷婷等（2013）采用风险指数矩阵法对南水北调进京南干渠盾构隧洞工程风险进行了评价和分级。胡丹等（2013）引入了基于直觉模糊集理论的多属性评价模型对南水北调中线明渠工程运行风险进行了综合评价。

在生态风险研究中，基于 RS 和 GIS 空间信息技术结合各类基础学科方法建立的模型在水利工程生态风险时空变化研究中应用广泛。科普拉函数、贝叶斯网络以及经验正交分析等方法常用于南水北调中线水源区与受水区干旱遭遇分析。物种敏感性分布（SSD）法、地累积指数法和沉积物质量基准法等适用于与重金属污染相关的水利工程生态风险评价。压力–状态–响应模型与正态云模型在水环境污染和土地利用风险中有所应用。在其他方面，封丽等（2017）根据欧盟环境风险评价方法对三峡库区主要水域典型抗生素进行了生态风险评价。王复生等（2019）用蒙特卡罗法辅助层次分析法，通过 ArcGIS 得到了南水北调东线山东段区域的洪水灾害风险区划图。

在水网工程国外研究方面，Tung 和 Mays（1980）首次将风险评价管理理论应用于水利工程中。Chapman（1998）基于水利工程风险分析研究提出了水利工程安全管理模型。Hreinsson 和 Jónasson（2003）将蒙特卡罗法应用于各类水利工程改扩建方案的风险评价中。Balkhair 和 Rahman（2017）分析了小水电工程的运营条件成本，提出控制工程成本风险的关键措施是将发电系统成本确定为激励要素。

在国家建设层面，美国的国家水网建设研究具有自动化、交互性和智能化 3 个特征。其实际手段主要包括 4 种：第一，基于完善且较为先进的计量设施建立水资源管理系统；第二，对能源的使用进行优化，主要通过水管理设备和国家智能电网来实现；第三，建立联合检测平台，针对水质和水量两个核心指标进行检测；第四，构建水资源高效管理系统。澳大利亚在经历 21 世纪初的水资源短缺危机和历史上最严重的旱灾之后，于 2008 年开始提出了建立智能水网的计划。昆士兰州东南部的"智能水网"工程在供水区和受水区之间搭建了输水管网，并以智能化的方式进行水资源管理工作，降低了缺水地区的水资源短缺风险。以色列国家水网工程拥有开放且可拓展的系统，技术水平较高，经济效益合理。以全国输水系统为主要框架，搭配科学完善的水资源调配、集约用水、信息传输综合系统，极大地改善了以色列水资源分布不均的问题。韩国实施的"智能水网"项目从水资源的配置和处理，以及输水网络的建设和综合管理几方面进行建设。

综合以上分析，当前研究重心集中于工程风险和生态风险两方面。基于传统研究方法融合各种新型技术的改进型研究方法在水利工程风险研究中为主流，其弥补了传统研究方法分析精度差、分析流程单一、分析对象局限等不足，可以处理离散和非线性的大规模风险分析问题，使得研究结果更加合理、精确。此外，水利工程不确定性形式比较多样化，各类风险研究方法均有其优点与局限性，因此应根据实际情况，针对具体的水利工程与研究内容选择合适的研究方法。

第 2 章　国家水网工程可持续性评价

2.1　国家水网工程可持续性理论

2.1.1　国家水网工程与可持续性的概念

国家水网工程与跨流域调水工程的区别在于国家水网是对控制性枢纽工程和河湖水系连通工程（刘昌明等，2021）的系统整合，二者属于包含与被包含的关系。综合现有研究，其概念可以解释如下：国家水网是以天然河湖水系为基础、以引调排水工程为渠道、以调蓄工程为节点、以智能调控为手段、以体制机制法制管理为支撑，集水资源调配、流域防洪减灾、水生态保护等功能于一体，在空间上呈现显著网络形态的综合性国家水资源配置系统（张建云和金君良，2023；郭旭宁等，2023；赵勇等，2023）。

可持续性的概念通常源自可持续发展理论。1987 年，世界环境与发展委员会将可持续发展定义为在满足当前人类需求的同时，不损害人类满足未来需要的能力。然而，可持续性并非与可持续发展完全相同。基于环境、经济和社会 3 个层面的三重底线（TBL）理论，有关学者提出了可持续性的概念，认为其不仅关注经济利益，还将合理资源利用视为实现短期和长期成功的基础，同时不损害后代利益。可持续的过程是一个不被打断、削弱或失去价值品质的过程，对可持续性的追求是一种道德信念，即当代人应该继承自然财富，并保持支持子孙后代的潜力不减。

2.1.2　国家水网工程可持续性的概念

1. 概念框架

国家水网作为我国新时代水利建设的重大工程项目，其可持续性概念可以与公共建设项目的可持续性相结合进行解释。Pryn 等（2015）和 Karac 等（2015）认为，基础设施的可持续性包含经济、社会和环境三方面。易弘蕾等（2014）提出，大型公共项目的可持续性应考虑经济效益、环境状况、社会影响、资源利用、卫生安全以及项目管理六方面。郎启贵和徐森（2008）指出，建设项目的可持续性包括项目本身的可持续性和所在地区的可持续性两方面。陈岩（2009）将建设项目的可持续性定义为项目在整个生命周期中持续发挥社会、经济和环境效益，协调并维持三者之间相互适应且动态平衡的能力。朱嫌和牛志平（2006）认为，建设项目的可持续性可从研究范围、内核、本质特征、内涵以及影响因素5个层面来解读。

综合以上分析，本研究认为国家水网工程可持续性是一个综合的概念，应当从整体性的角度出发，基于系统学的研究理论，对国家水网工程可持续性的研究尺度、本质特征和科学内涵进行全方位的分析，并建立了国家水网工程可持续性的概念框架，如图2-1所示。

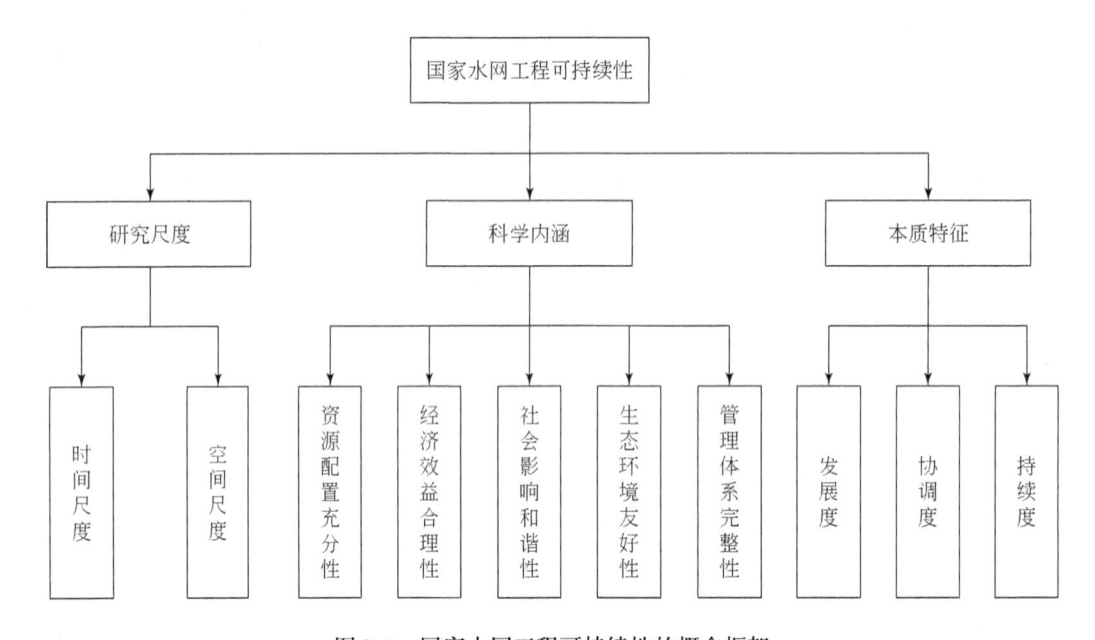

图2-1 国家水网工程可持续性的概念框架

2. 研究尺度

国家水网工程可持续性是受时空制约的，即对其可持续性的研究也是被局限在特定的时空范围内的，因此国家水网可持续性的研究范围应从时间尺度和空间尺度两方面入手。

在时间尺度方面，国家水网工程与传统的工程项目有所不同。传统的工程项目通常有着特定的生命周期，涵盖了从规划、设计、建设、运营到评估的各个阶段，可能持续几十年甚至上百年。然而，国家水网工程则是对我国现有的关键性水利工程和水系调度工程进行系统整合，形成了高度系统化的综合工程体系。由于国家水网工程的战略性地位是党中央从中华民族永续发展的战略高度提出的重要决策部署，因此其可持续性应具备永续发展的特点，这意味着国家水网工程的生命周期应该是无限的，它应该持续地为我国的水资源保障和发展作出贡献，不断适应和回应时代的变化和需求。

在空间尺度方面，国家水网工程是针对我国水资源配置进行优化的重要举措，旨在全面提升我国的水安全保障能力。作为我国水资源体系的重要子系统，国家水网工程与我国的经济、环境和社会密切相关。为确保国家水网工程的可持续性，必须注重与我国经济、社会和环境之间的协调与和谐，这意味着国家水网工程的规划、建设和运营应当充分考虑到经济发展、社会进步以及环境保护的各项需求和利益。只有在这种综合考量下，国家水网工程才能够实现长期的可持续发展，为我国的未来发展提供稳定可靠的水资源保障。

3. 本质特征

可持续性的概念由可持续发展理论衍生而来，牛文元（2012）提出可持续发展的核心要素是"发展、协调和持续"。因此，国家水网可持续性的本质特征（发展度、协调度和持续度）与可持续发展一脉相承。国家水网可持续性的本质特征是评估其可持续性的重要标准。这3个要素在约束国家水网可持续性时相互独立，但在促进国家水网可持续性时相辅相成。如果其中任何一个要素超出正常范围，都可能导致国家水网工程的不可持续性。只有当这3个要素都保持在正常范围时，国家水网的可持续性才能得到有效保障。

发展度用来评价国家水网工程是否朝着既定目标不断发展，主要衡量其实现优化水资源配置、全面提升我国水安全保障能力的程度。它是国家水网工程的数量维特征，反映了其工程目标的实现情况。协调度用来评价国家水网工程在运行过程中能否保持环境和发展、速度和质量之间的均衡。它是国家水网工程内在和外在影响因素的质量维特征，体现了工程运行过程中的平衡和协调。国家水网工程的发展方向应该与我国社会、经济、环境的可持续发展方向相匹配，推动社会经济进步，保护生态环境，促进我国新阶段水利高质量发展。持续度是判断国家水网工程是否具有在运行和发展过程中实现长久乃至永续发展的能力。它是从永续发展的角度出发，衡量国家水网工程的时间维特征，要求国家水网工程在保证发展度和协调度的基础上，实现长期稳定的建设目标与功能，以实现永续发展的目标。

4. 科学内涵

根据前面的分析，本研究对国家水网可持续性的定义如下：国家水网工程在其无限的生命周期中，在完整科学的管理体系下稳定发挥水资源调配、流域防洪减灾、水环境保护等功能；保持与经济、社会、环境之间的协调性并持续发挥社会、经济、生态环境效益；优化我国水资源配置、全面提升我国水安全保障水平的可持续能力（仇越等，2024）。国家水网工程可持续性的科学内涵体现为资源配置充分性、经济效益合理性、社会影响和谐性、生态环境友好性和管理体系完整性。

资源配置充分性是指国家水网工程的水资源配置能力能够缓解所在区域的水资源短缺情况，满足所在区域的经济社会和生态环境用水需求等方面。国家水网工程最核心的功能就是水资源配置，资源配置充分性是国家水网工程可持续性的根本保证。

经济效益合理性是指国家水网工程在创造社会经济效益的同时做到节约生态资源、提高生态资源的利用水平，实现生态资源的可持续利用，以达到增加社会财富和人民福祉的目的。经济效益合理性是经济发展与环境保护相统一的体现，是国家水网工程可持续性的核心驱动。

社会影响和谐性是指国家水网工程对所在区域社会发展与进步的贡献程度，主要体现在提高人口素质、发展文化教育、提高人民生活质量等方面。国家水网工程能否长久运行和发展与社会稳定密切相关，社会影响和谐性是国家水网工程可持续性的稳定保障。

生态环境友好性是指国家水网工程与生态环境之间的协调与兼容程度。国家水网工程的建设势必会对自然环境造成一定影响，而自然环境会反过来影响国家水网的可持续性。因此，生态环境友好性要求国家水网工程重视生态环境的协调与修复，建设生态水利工程。生态环境友好性是国家水网工程可持续性的制约因素。

管理体系完整性是指国家水网工程从构想、实施到运行的各个时期都以正确、连续、全面的管理策略为指引。它从运行管理者的角度强调国家水网工程无限的生命周期，要求国家水网工程在每个阶段保持正确的管理目标。管理体系的调节能力能够保证国家水网工程的生命力，引导国家水网工程朝着可持续的目标不断前进。管理体系完整性是国家水网工程可持续性的坚实支撑。

2.2 国家水网工程可持续性评价指标体系

2.2.1 可持续性评价指标体系的构建原则与思路

国家水网工程可持续性评价指标体系构建的原则有准确性原则、适用性原则、可行性原则、动态与静态相结合原则、定量与定性相结合原则。

1. 准确性原则

确保国家水网工程可持续性评价指标体系的准确性至关重要。准确性原则要求构建的国家水网工程指标体系应能够科学、准确地度量国家水网工程的可持续性，并能真实地反映项目的强弱程度。确保评价指标基于科学理论和可靠数据，反映国家水网工程可持续性的重要方面。评价指标应该与可持续发展理论相一致，并与工程实际情况相匹配。评价指标需要有足够的数据支持，以及对数据进行合理的处理和分析，以确保评价结果的可靠性和准确性。评价指标的概念应该清晰明确，避免歧义和模糊性。

2. 适用性原则

在构建国家水网工程可持续性评价指标体系时，需要对指标进行筛选和调整，以确保指标体系的适用性和有效性。这些指标应该能够涵盖国家水网工程的资源、经济、环境和社会等多方面，并且与可持续发展目标相一致。指标体系既包括可以量化的技术经济指标，又应该考虑到重要但目前难以量化的定性指标，这样可以更全面地评估国家水网工程的可持续性，避免数据不完整或不准确导致的评价偏差。通过借鉴现有类似工程项目的评价经验，参考其指标体系构建方法和选取原则，可以有效地提高指标体系的科学性和实用性。

3. 可行性原则

在建立指标体系和选择指标时，确保指标具备可行性是至关重要的。首先，所选指标必须是能够量化或者定性分析的，而且必须能够轻松地获取和收集相关数据。数据收集困难或者指标无法量化将会影响到评价的准确性和可信度；其次，确保所选指标的计算方法是科学的、准确的，并且能够被普遍接受和理解，这样可以确保评价结果的可信度和可比性；最后，所选指标体系应当能够全面地反映国家水网工程的实际情况，并且能够准确评估其可持续性水平。因此，在选择指标时，要充分考虑到项目的特点和目标，确保所选指标能够真实地反映工程项目的可持续性状态。

4. 动态与静态相结合原则

国家水网工程可持续性评价中的动态分析考虑了评价过程中的长期影响和变化趋势，而静态分析则关注当前状态的评估和具体指标的测量。结合动态分析和静态分析可以更全面地评估国家水网工程的可持续性。在长期视角下，动态分析可以帮助预测国家水网工程在未来发展过程中可能面临的挑战和变化，并提出相应的应对策略，这种分析需要建立一个能够反映工程变化和发展趋势的指标体系，以及相应的监测和评估机制，以便及时调整和改进工程设计和管理。而在短期视角下，静态分析则能够快速地评估当前国家水网工程的可持续性，发现存在的问题和改进的空间，这种分析需要选取一些能够客观反映当前工程状态的指标，并对这些指标进行量化或定性分析，以便及时识别和解决问题。

5. 定量与定性相结合原则

国家水网工程可持续性评价中既有可以量化的指标，又有无法直接量化的因素，因此需要同时考虑定量指标和定性指标。定量指标能够提供具体的数据支持，对国家水网工程的各项参数进行量化评估，能够更直观地反映工程的运行状态和性能表现。这些定量指标可以是工程效率、资源利用率、水质指标等，通过科学的数据收集和分析可以得出客观的评价结果。而对于无法量化的因素，如社会影响、生态环境保护、水资源利用的公平性等，可以通过选取适合的定性指标进行评价。这些定性指标可以是社会接受度、生态系统健康状况、水资源分配公平性等，通过专家意见调查、实地考察等方式获取相关信息，对工程的可持续性进行主观评价。

国家水网工程是一个综合性国家水资源配置系统，其影响因素错综复杂，因此需要一个规范且正确的思路对评价指标进行选取，国家水网工程可持续性评价指标体系构建流程如图2-2所示，具体如下。

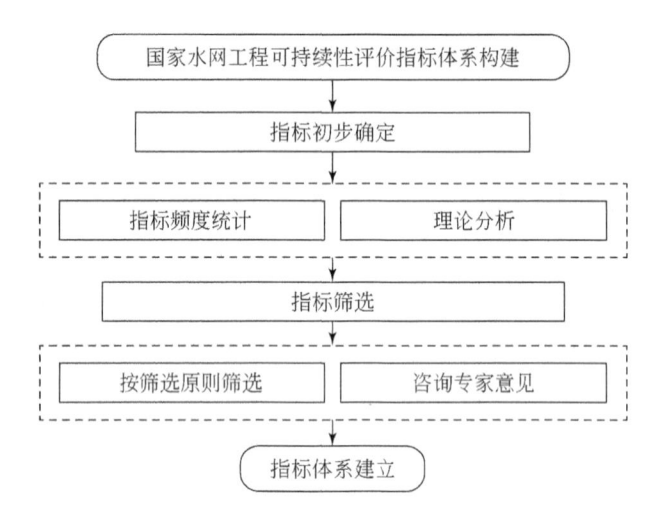

图 2-2　国家水网工程可持续性评价指标体系构建流程

1) 国家水网工程可持续性评价对象的概念界定和内涵理解。通过文献综述及概念阐述，将会对国家水网工程、国家水网工程可持续性及其科学内涵等有深入的理解，在此基础上建立评价指标体系。

2) 国家水网工程可持续性评价指标的初步识别。基于大量水利工程可持续性评价及运行风险研究的参考文献、资料等，采用 CiteSpace 软件针对指标进行词频统计，提取出高频指标，基于此初步确定评价指标集，剔除同类型、内涵近似的指标，避免指标的评价范围重复。

3) 国家水网工程可持续性评价指标的优化改进。进一步筛选上述步骤初步确定的指标，考虑指标特性及获取途径等，咨询专家意见，对指标体系进行修改和完善，确定最终的指标体系。

4) 国家水网工程可持续性评价指标内涵和度量的明晰。依据准确性原则，每个指标都应该有明确的定义和内涵，对于定量指标，应明确其计算方法，使其能够被准确理解和应用。

2.2.2 可持续性影响因子的初步识别

选取 2019～2023 年中国知网中研究水利工程可持续性评价、水资源可持续性评价、工程项目评价等研究领域的期刊文章，使用 CiteSpace 软件进行指标频度分析，最终分别从资源、社会、经济、生态环境、管理 5 个维度进行指标集的初步确定，根据指标出现的频率，提取高频指标，生成相应维度的词云图，见图 2-3～图 2-7。

图 2-3 资源维度指标词云图

图 2-4 社会维度指标词云图

图 2-5 经济维度指标词云图

图 2-6 生态环境维度指标词云图

资源维度高频指标包括水资源总量、地下水资源量、地表水资源量、产水模数、供水模数、产水系数、干旱指数、人均水资源量、地下水资源占比、亩均水资源量、年降水量、水资源开发利用率等。

社会维度高频指标包括人均用水量、公众满意度、新增就业机会、促进社会安定效果、水资源监管力度、耕地保护效益、人口保护效益、社会和谐性、经济发展协调性、财税贡献度、健康与安全、产业结构等。

图 2-7　管理维度指标词云图

经济维度高频指标包括经济内部收益率、人均 GDP、单方水产出、节水效益、产业结构合理性、工程财务风险、生命周期利润、生命周期成本、工程建设成本、综合水价等。

生态环境维度高频指标包括环境质量达标率、污水处理率、水土流失治理率、工业废水排放总量、植被覆盖率、饮用水水质达标率、生态用水满足率、地表水水质优良率、地下水水质优良率、环境美化情况等。

管理维度高频指标包括资金有效管理情况、管理体制合理性、投资计划完成率、运营成本控制、建设成本控制、技术实施保障、工程各参与方配合程度、员工健康与安全等。

2.2.3　可持续性评价指标体系的建立

基于对指标的初步识别，参考多篇水资源评价、工程项目评价有关文献，根据指标体系的建立原则，排除出现次数不多且不具备代表性的指标，考虑指标特性及获取途径，并结合项目实地调研经验成果等，进一步筛选指标，对指标进行修改和完善，以满足指标选用的原则要求，并多次咨询专家意见，得到最终的国家水网工程可持续性评价指标体系。由于国家水网工程可持续性与社会、经济、生态环境等外部影响因素密切相关，并且相辅相成，因此大部分指标需要从国家水网工程受益区资源、社会、经济、生态环境等现状和发展水平几方面进行评价。本研究选取三级指标体系，包括目标层、准则层、指标层。目标层代表评价对象的总目标，即国家水网工程可持续性。准则层代表与总目标有直接关联的主要方面，即资源维度、社会维度、经济维度、生态环境维度和管理维度。指标层代表各准则层的具体评价指标，分析确定 20 个国家水网工程可持续性评价指标，最终得到国家水网工程可持续性评价指标体系见表2-1。

表2-1 国家水网工程可持续性评价指标体系

目标层	准则层	指标层	性质
国家水网工程可持续性	资源维度	受益区供水模数	定量
		受益区产水模数	定量
		受益区产水系数	定量
		受益区人均水资源量	定量
	社会维度	受益区就业效益	定性
		受益区人均用水量	定量
		受益区社会稳定性	定性
		受益区水资源监管力度	定性
	经济维度	经济内部收益率	定量
		受益区供水效益	定性
		受益区人均GDP	定量
		受益区综合水价	定量
	生态环境维度	受益区环境质量达标率	定量
		受益区水土流失治理率	定量
		受益区植被覆盖率	定量
		受益区生态用水满足率	定量
	管理维度	管理体制合理性	定性
		管理规范化程度	定性
		资金有效管理情况	定量
		管理智能化水平	定性

2.2.4 可持续性评价指标的内涵和度量

国家水网工程的可持续性评价指标体系涵盖了资源、经济、社会、生态环境、管理多方面的指标。这些指标因其性质和特点的不同，对国家水网工程的可持续性产生不同程度的影响。根据数据是否可以量化，这些指标可分为定量指标和定性指标两类。其中，定量指标指拥有具体数值数据的指标，如反映水资源量的受益区供水模数、受益区产水模数、受益区人均水资源量，经济维度中的经济内部收益率、受益区人均GDP，反映生态环境质量的受益区环境质量达标率、受益区植被覆盖率等指标，这些指标的具体数据可以通过统计年鉴、相关数据集或实地调研获取。而定性指标如受益区社会稳定性、受益区水资源监管力度、管理体制合理性等目前没有可直接测量的数值，这些指标需要召集水利工程、水资源等领域权威专家来对指标进行定性分析，通过专家的经验判断来对这类指标进行量化确定。

1. 资源维度指标的内涵和度量

国家水网工程的本质是一个整合了天然河湖水系和水利工程的流动性网络，其离不开水本身的属性。因此，国家水网工程可持续性评价与水的五大属性密切相关。资源属性是水最根本的属性，而国家水网工程最根本的作用是水资源配置，因此工程所在地水资源量的多少直接决定了国家水网工程能否良性运行，水网工程可持续性与受益区水资源量呈负相关。因此，选择资源维度指标时，应该考虑能够反映受益区水资源量，以及工程水资源配置能力等方面的指标。

受益区供水模数指受益区内单位面积的供水量，是定量指标，其计算方式如下：

$$P = \frac{Q}{S} \tag{2-1}$$

式中，P 为受益区供水模数；Q 为地区供水量；S 为地区总面积。

受益区产水模数指受益区内单位面积的水资源量，是定量指标，其计算方式如下：

$$D = \frac{A}{S} \tag{2-2}$$

式中，D 为受益区产水模数；A 为地区水资源总量；S 为地区总面积。

受益区产水系数指受益区内降水量转化为水资源的能力，是定量指标，其计算方式如下：

$$R = \frac{A}{C} \tag{2-3}$$

式中，R 为受益区产水系数；A 为地区水资源总量；C 为地区年降水量。

受益区人均水资源量是判断受益区水资源短缺程度最直观的指标，是定量指标，其计算方式如下：

$$F = \frac{A}{E} \tag{2-4}$$

式中，F 为受益区人均水资源量；A 为地区水资源总量；E 为地区常住人口总数。

2. 社会维度指标的内涵和度量

社会维度指标的选择需要考虑国家水网工程对社会的影响和产生社会效益的能力，结合相关利益相关方的需求和期望，选取最具代表性和影响力的指标进行评估和分析。这些指标应该能够客观地评估国家水网工程对社会的贡献和影响，包括对社会稳定性的提升程度、给就业带来的效益、用水量以及社会监管力度等方面。

受益区就业效益用于衡量国家水网工程建设运行过程中对覆盖地区的就业促进情况，是定性指标，根据区域实际发展进行评估。

受益区人均用水量反映工程受益区居民用水需求，是定量指标，其计算方式如下：

$$PU = \frac{U}{E} \tag{2-5}$$

式中，PU 为受益区人均用水量；U 为地区总用水量；E 为地区常住人口总数。

受益区社会稳定性用于衡量国家水网工程受益区社会稳定程度，是定性指标。

受益区水资源监管力度反映受益区水资源监管情况，是定性指标，通过工程实地调研情况进行评估。

3. 经济维度指标的内涵和度量

经济维度指标应该与国家水网工程自身以及受益区经济效益密切相关，是能够有效衡量受益区经济水平，以及工程自身效益的指标。这些指标应该能够客观地评估国家水网工程给受益区带来的经济影响以及受益区自身的经济发展水平。

经济内部收益率。对于国家水网这种公益性强的水利建设项目，由于没有明显的财务收入，效益主要体现在它的外部性上，反映工程对国民经济的创益能力，是定量指标，其计算方式如下：

$$\sum_{i=0}^{n}(RB - RC)_t(1 + REIRR)^{-t} = 0 \tag{2-6}$$

式中，REIRR 为经济内部收益率；RB 为工程年效益；RC 为工程年费用；n 为计算期年数，包括建设期、运行初期和正常运行期的总年数；t 为计算期各年的序号，基准点的序号为 0；$(RB-RC)_t$ 为第 t 年的净效益。

受益区综合水价指对工程受益区水价进行综合定价，是定量指标，其计算方式如下：

$$CP = AP + BP \tag{2-7}$$

式中，CP 为受益区综合水价；AP 为输水水价；BP 为原水水价。

受益区人均 GDP 是一项重要的宏观经济指标，常用于衡量经济发展水平，是定量指标，其计算方式如下：

$$AGDP = \frac{GDP}{E} \tag{2-8}$$

式中，AGDP 为受益区人均 GDP；E 为地区常住人口总数。

受益区供水效益表征国家水网工程供水给受益区带来的经济效益、社会效益和环境效益，是定性指标。

4. 生态环境维度指标的内涵和度量

生态环境维度指标的选择应该能够客观地评估国家水网工程受益区的生态环境质量、水土环境状况、植被覆盖情况，代表受益区治理和保护生态环境、防止水土流失的相应举措等。

受益区环境质量达标率反映国家水网工程对周围的环境造成的影响，是定量指标，其计算方式如下：

$$PE = \frac{PS+PW}{2} \tag{2-9}$$

式中，PE 为受益区环境质量达标率；PS 为优良天比例；PW 为优良水体比例。

受益区水土流失治理率表征对水土流失的治理力度，是定量指标，其计算方式如下：

$$ST = \frac{SA}{SC} \times 100\% \tag{2-10}$$

式中，ST 为受益区水土流失治理率；SA 为水土流失治理面积；SC 为水土流失面积。

受益区植被覆盖率反映国家水网受益区的植被覆盖情况，是定量指标，其计算方式如下：

$$SF = \frac{PT}{S} \times 100\% \tag{2-11}$$

式中，SF 为受益区植被覆盖率；PT 为乔木林、灌木林和草本植物覆盖面积；S 为地区总面积。

受益区生态用水满足率反映国家水网受益区生态环境用水状况，是定量指标，其计算方式如下：

$$PEW = \frac{EU}{U} \times 100\% \tag{2-12}$$

式中，PEW 为受益区生态用水满足率；EU 为生态环境用水量；U 为地区总用水量。

5. 管理维度指标的内涵和度量

管理维度指标的选择需要考虑其管理体制、管理效率、管理质量以及管理成果等方面的指标，以评估项目管理的有效性和可持续性，还需要结合工程管理的实际情况和目标，选取能够全面反映项目管理绩效和可持续性的指标，确保指标体系的科学性和全面性。

管理体制合理性反映国家水网工程的管理体制能否满足工程可持续运行的要求，是定性指标。

管理规范化程度反映国家水网工程建设运行过程中各项规章制度的完善与执行情况，是定性指标。

资金有效管理情况反映国家水网工程运行管理单位对资金的管理效率。这里按照供水工程计算水费收取率，其是定量指标，其计算方式如下：

$$PM = \frac{AM}{WM} \times 100\% \qquad (2\text{-}13)$$

式中，PM 为水费收取率；AM 为实际水费；WM 为应收水费。

管理智能化水平反映国家水网工程管理信息化和智慧化程度，是定性指标。

2.3　国家水网工程可持续性评价模型构建

2.3.1　工程项目可持续性评价方法的对比分析

工程项目可持续性评价方法大致可以分为三类：第一类是较为传统且主观的传统专家评价法，包括德尔菲法（王春枝和斯琴，2011）、结构化访谈、头脑风暴法等，专家根据其经验和知识对工程项目的可持续性进行评价和打分。第二类是运筹学和数学模型评价法，包括数据包络分析（魏权龄，2000）、层次分析法（邓雪等，2012）、模糊综合评价法、熵值法（程启月，2010），它们基于大量实际数据，对工程项目的各个方面进行量化评估和综合分析。第三类是仿真评价法，包括反向传播神经网络分析、模拟与仿真评价等，它们通过建立模型或者仿真系统，对工程项目在不同情景下的表现进行模拟和评估，从而评估其可持续性（Chaki and Biswas，2023；Liu et al.，2022）。传统的定性分析方法，如专家意见法和德尔菲法，以及技术经济评价方法在评估工程项目可持续性时存在一些局限性，需要采用其他方法进行校验。

专家意见法和德尔菲法主要依赖专家的主观判断和经验，因此容易受到个体主观偏好和经验不足的影响，导致评价结果的主观性较强，缺乏客观性。其由于缺乏量化指标和系统化的评价体系，难以准确反映建设项目的可持续性强弱，尤其在多方利益冲突较为复杂的情况下可能产生较大的误差，这意味着这些方法虽然能够提供对项目经济效益的评估，但无法全面考虑项目对环境和社会的影响，也无法量化项目的可持续性表现。数据包络分析在大部分情况下用于评估具有相同类别的数据集，通常用于定量评价，对于无法量化的定性指标不适用。基于以上考虑，针对定性指标或者数据获取困难的情况，可以考虑其他评价方法，如层次分析法、熵值法、模糊综合评价法等，这些方法相结合在处理定性指标或者定量指标时可能更适用。同时，可以结合专家意见和案例分析等方法，获取更全面和客观的评价结果（陈衍泰等，2004；虞晓芬和傅玳，2004）。常用可持续性评价方法及其优缺点汇总见表2-2。

表 2-2　常用可持续性评价方法及其优缺点汇总

评价方法	定量/定性	优点	缺点
德尔菲法	定性	很好地反映专家经验，体现决策者对不同主控因子的重视程度	主观随意性强，不同专家可能造成的评估结果差异很大
结构化访谈	定性		
头脑风暴法	定性		
情景分析	定性		
主观打分法	定性		
数据包络分析	定量	不必事先设定权重，排除主观因素影响，对指标没有量纲要求	选取的指标变量不宜过多
熵值法	定量	适合处理信息量大的评价对象，可判断指标的离散程度，客观性强，可以克服指标变量信息的重叠	不能反映出参与决策者对不同指标的重视程度，有效性完全取决于所得数据的完整性及准确性
层次分析法	定量定性结合	既可以进行定性分析，又可以进行定量分析，简化了系统分析过程与计算工作	主观性强，指标较多时矩阵的一致性差
蒙特卡罗模拟法	定量	思路清晰、易理解，不受系统多维、多因素等复杂性限制，可直接解决具有统计性质的问题	确定性问题需要转化为随机性问题，计算步骤较烦琐
模糊综合评价法	定量定性结合	既可以进行定性分析，又可以进行定量分析，适合各种非确定性问题的解决；应用范围广、时间长	不能解决评价因素间的相关性导致的评价信息重复问题；指标权重灵活性较大，客观实际可能会有偏差
批评（CRITIC）权重法	定量	方法简单、结构合理、排序明确、应用灵活	无法得出指标间的离散程度

综上，本节应用基于博弈论组合赋权的层次分析法和熵值法确定指标权重，利用模糊综合评价法进行综合评价。将博弈论组合赋权与模糊综合评价法相结合，为国家水网工程可持续性评价中存在的定性指标与定量指标提供了比较合理的指标权重确定及评价方法，具体体现在以下几方面。

1）应用基于博弈论组合赋权的层次分析法和熵值法确定指标的权重，有效地避免了单独使用层次分析法导致评价过于主观，以及单独采用熵值法导致权重可能出现明显不合理和偏差的情况，在很大程度上确保了指标权重的准确性、合理性、科学性。

2）模糊综合评价法可以将具备不确定属性的指标通过隶属度的确定转化为确定性的指标，使评价过程中的模糊性评价问题得到量化，继而将定量分析与定性评价相结合，进行较为科学且合理的量化评价，在信息的质量和数量方面都具有相当大的优势。

3）综上所述，基于博弈论组合赋权的模糊综合评价法能够在指标权重确定，定性定量相结合分析的过程中较科学、合理、准确地评价国家水网工程的可持续性。

2.3.2　层次分析法确定主观权重

层次分析法将影响决策的要素分解为多个层级和多个因子，通过对各层级和因子进行简单对比和计算，确定它们的相对权重，从而找出最优方案；在多目标规划领域已成为重要的决策分析工具。该方法系统性较强、灵活性和简洁性较高、原理简单、因素具体、逻辑关系清晰。层次分析法结合矩阵理论，通过判断矩阵的建立、排序计算和一致性检验，在一定程度上消除了主观因素带来的负面影响。这种方法克服了决策者主观偏好导致权重设定与实际情况矛盾的问题，提高了决策的可操作性和有效性。本研究向从事水利工程、水资源管理领域的专家共计 10 人发放国家水网工程可持续性评价层次分析法指标权重调查问卷。

1. 建立层次结构模型

国家水网工程可持续性评价递阶层次结构见表 2-3。为方便后续计算及表述，将指标体系中各指标按目标层、准则层、指标层分别编号。

表 2-3　国家水网工程可持续性评价指标体系目标层、准则层、指标层

目标层	准则层	指标层
国家水网工程可持续性 A	资源维度 A_1	受益区供水模数 A_{11}
		受益区产水模数 A_{12}
		受益区产水系数 A_{13}
		受益区人均水资源量 A_{14}
	社会维度 A_2	受益区就业效益 A_{21}
		受益区人均用水量 A_{22}
		受益区社会稳定性 A_{23}
		受益区水资源监管力度 A_{24}
	经济维度 A_3	经济内部收益率 A_{31}
		受益区综合水价 A_{32}
		受益区人均 GDP A_{33}
		受益区供水效益 A_{34}
	生态环境维度 A_4	受益区环境质量达标率 A_{41}
		受益区水土流失治理率 A_{42}
		受益区植被覆盖率 A_{43}
		受益区生态用水满足率 A_{44}

续表

目标层	准则层	指标层
国家水网工程可持续性 A	管理维度 A_5	管理体制合理性 A_{51}
		管理规范化程度 A_{52}
		资金有效管理情况 A_{53}
		管理智能化水平 A_{54}

2. 构造各层次中的判断矩阵

在某单独层次，使用 a_{ij} 表示第 i 个元素与第 j 个指标基于上一层次某个指标的相对重要程度，假设一共有 n 个指标参与相对重要程度的比较，则构造指标判断矩阵如下：

$$A = (a_{ij})_{n \times n} = \begin{pmatrix} a_{11} & \cdots & a_{1n} \\ \vdots & & \vdots \\ a_{n1} & \cdots & a_{nn} \end{pmatrix} \tag{2-14}$$

判断矩阵被用于确定国家水网工程可持续性评价指标体系中各指标的重要程度，用来表示各个维度，以及各个指标之间的优先级和重要性。在指标打分方面，采用九级标度法，使用整数 1~9 及其倒数作为判断标度，判断标度的含义见表2-4。

表2-4 判断标度的含义

标度	含义
1	表示两个因素相比，具有相同重要性
3	表示两个因素相比，前者比后者稍重要
5	表示两个因素相比，前者比后者明显重要
7	表示两个因素相比，前者比后者强烈重要
9	表示两个因素相比，前者比后者极端重要
2、4、6、8	表示上述相邻判断的中间值
倒数	因素 i 与因素 j 的重要性之比为 a_{ij}，那因素 j 与因素 i 重要性之比为 $a_{ji}=1/a_{ij}$

3. 层次单排序及一致性检验

层次单排序是指某层次的指标基于上一层次的某个指标的相对重要程度的权重排序。首先要计算判断矩阵的最大特征根 λ_{max}，其次求出对应 λ_{max} 的特征向量 ω（归一化处理）。ω 采用方根法进行计算。层次分析法用于计算权重，需要针对指标打分结果进行一致性检验，目的是避免专家在排序时出现逻辑不一致的情况，只有打分结果通过一致性检验，矩阵数据才具备有效性。

计算判断矩阵的最大特征根（$\lambda_{\max}$）：

$$\lambda_{\max} = \frac{1}{n}\sum_{i=1}^{n}\frac{(A\omega)_i}{\omega_i} \tag{2-15}$$

式中，$\lambda_{\max}$ 为判断矩阵的最大特征根；n 为判断矩阵的行数；A 为判断矩阵；ω 为矩阵的特征向量。

计算一致性指数（CI）：

$$CI = \frac{\lambda_{\max} - n}{n-1} \tag{2-16}$$

式中，若 CI=0，则完全一致，若 CI 接近 0，则一致性很好，CI 越大，说明一致性越差。

计算随机一致性比率（CR）：

$$CR = \frac{CI}{RI} \tag{2-17}$$

式中，RI 为随机一致性指标，根据表 2-5 取值。

表 2-5 随机一致性指标取值

项目	\multicolumn{11}{c	}{n}
	1	2	3	4	5	6	7	8	9	10	11
RI	0	0	0.58	0.90	1.12	1.24	1.32	1.41	1.45	1.49	1.51

如果 CR<0.1，说明矩阵通过一致性检验；如果 CR≥0.1，说明矩阵未通过一致性检验，需要重新构造判断矩阵。

准则层的权重及一致性检验结果见表 2-6，CR=0.0081<0.1，满足一致性要求，准则层相对于目标层的权重为 ω = [0.3171, 0.1527, 0.1749, 0.1638, 0.1915]。资源、社会、经济、生态环境、管理 5 个维度指标层的权重 ω 计算结果以及一致性检验结果见表 2-7～表 2-11，5 个维度指标层判断矩阵 CR 均小于 0.1，满足一致性要求。

表 2-6 准则层判断矩阵 A-A_i 的指标权重计算结果

A	A_1	A_2	A_3	A_4	A_5	权重 ω
A_1	1.0000	1.5832	2.1720	1.9786	1.6287	0.3171
A_2	0.6316	1.0000	0.6934	0.7647	0.8584	0.1527
A_3	0.4604	1.4422	1.0000	1.0612	0.8023	0.1749
A_4	0.5054	0.9067	0.8909	1.0000	1.0000	0.1638
A_5	0.6140	1.1650	1.2464	1.0000	1.0000	0.1915
一致性检验	\multicolumn{6}{c	}{$\lambda_{\max}$=4.9639，CI=0.0090，CR=0.0081}

表 2-7　指标层判断矩阵 A_1-A_{1i} 的指标权重计算结果

A_1	A_{11}	A_{12}	A_{13}	A_{14}	权重 ω
A_{11}	1.0000	2.3239	1.6610	0.4604	0.2390
A_{12}	0.4303	1.0000	0.7418	0.2327	0.1081
A_{13}	0.6020	1.3480	1.0000	0.2441	0.1381
A_{14}	2.1720	4.2976	4.0964	1.0000	0.5148
一致性检验	\multicolumn{5}{c}{$\lambda_{\max}=4.0066$，CI$=0.0022$，CR$=0.0025$}

表 2-8　指标层判断矩阵 A_2-A_{2i} 的指标权重计算结果

A_2	A_{21}	A_{22}	A_{23}	A_{24}	权重 ω
A_{21}	1.0000	0.6640	0.7873	0.4870	0.1742
A_{22}	1.5060	1.0000	1.0442	1.3077	0.2937
A_{23}	1.2702	0.9577	1.0000	1.0491	0.2607
A_{24}	2.0536	0.7647	0.9532	1.0000	0.2713
一致性检验	\multicolumn{5}{c}{$\lambda_{\max}=4.0415$，CI$=0.0138$，CR$=0.01553$}

注：因小数修约，权重 ω 加和不等于 1。

表 2-9　指标层判断矩阵 A_3-A_{3i} 的指标权重计算结果

A_3	A_{31}	A_{32}	A_{33}	A_{34}	权重 ω
A_{31}	1.0000	0.8327	1.3077	0.8642	0.2383
A_{32}	1.2009	1.0000	1.8860	0.7783	0.2788
A_{33}	0.7647	0.5302	1.0000	0.5529	0.1665
A_{34}	1.2599	1.2849	1.8086	1.0000	0.3165
一致性检验	\multicolumn{5}{c}{$\lambda_{\max}=4.0343$，CI$=0.0114$，CR$=0.01285$}

注：因小数修约，权重 ω 加和不等于 1。

表 2-10　指标层判断矩阵 A_4-A_{4i} 的指标权重计算结果

A_4	A_{41}	A_{42}	A_{43}	A_{44}	权重 ω
A_{41}	1.0000	3.6199	5.3567	1.6610	0.4815
A_{42}	0.2763	1.0000	1.6189	0.4415	0.1347
A_{43}	0.1867	0.6177	1.0000	0.2918	0.0866
A_{44}	0.6020	2.2649	3.4270	1.0000	0.2972
一致性检验	\multicolumn{5}{c}{$\lambda_{\max}=4.0011$，CI$=0.0004$，CR$=0.0004$}

表 2-11　指标层判断矩阵 A_5-A_{5i} 的指标权重计算结果

A_5	A_{51}	A_{52}	A_{53}	A_{54}	权重 ω
A_{51}	1.0000	4.5980	2.4929	1.8860	0.4533
A_{52}	0.2175	1.0000	0.2918	0.3218	0.0795
A_{53}	0.4011	3.4270	1.0000	0.7937	0.2149
A_{54}	0.5302	3.1072	1.2599	1.0000	0.2523
一致性检验		$\lambda_{\max}=4.0347$，CI$=0.0115$，CR$=0.0129$			

4. 层次总排序及一致性检验

层次总排序是指所有指标层指标相对于目标层的合成权重，具体计算方式见表 2-12，国家水网工程可持续性评价指标体系层次总排序及一致性检验结果见表 2-13。

表 2-12　层次总排序计算方式表

层 B	层 A				B 层总排序权值
	A_1	A_2	$\cdots$	A_m	
	a_1	a_2	$\cdots$	a_m	
B_1	b_{11}	b_{12}	$\cdots$	b_{1j}	$\sum_{j=1}^{m} b_{1j}\, a_j$
B_2	b_{21}	b_{22}	$\cdots$	b_{2j}	$\sum_{j=1}^{m} b_{2j}\, a_j$
$\cdots$	$\cdots$	$\cdots$	$\cdots$	$\cdots$	$\cdots$
B_n	b_{n1}	b_{n2}	$\cdots$	b_{nj}	$\sum_{j=1}^{m} b_{nj}\, a_j$

注：A 为上一层次（高的层次），B 为当前层次；a_1，a_2，$\cdots$，a_m 为 A 层次的总排序权重；b_{1j}，b_{2j}，$\cdots$，b_{nj} 为 B 层对 A_j 的单排序权重；从最高层到最低层，求 B 层各指标的层次总排序权重 b_1，b_2，$\cdots$，b_n。

B 层总排序随机一致性比例为

$$\mathrm{CR} = \frac{\sum_{j=1}^{m} \mathrm{CI}(j)\, a_j}{\sum_{j=1}^{m} \mathrm{RI}(j)\, a_j} \tag{2-18}$$

表 2-13　层次总排序及一致性检验结果

指标层	准则层					总排序权重
	A_1	A_2	A_3	A_4	A_5	
	0.3171	0.1527	0.1749	0.1638	0.1915	
A_{11}	0.2390	0	0	0	0	0.0758

续表

指标层	准则层					总排序权重
	A_1	A_2	A_3	A_4	A_5	
	0.3171	0.1527	0.1749	0.1638	0.1915	
A_{12}	0.1081	0	0	0	0	0.0343
A_{13}	0.1381	0	0	0	0	0.0438
A_{14}	0.5148	0	0	0	0	0.1632
A_{21}	0	0.1742	0	0	0	0.0266
A_{22}	0	0.2937	0	0	0	0.0448
A_{23}	0	0.2607	0	0	0	0.0398
A_{24}	0	0.2713	0	0	0	0.0414
A_{31}	0	0	0.2383	0	0	0.0417
A_{32}	0	0	0.2788	0	0	0.0488
A_{33}	0	0	0.1665	0	0	0.0291
A_{34}	0	0	0.3165	0	0	0.0554
A_{41}	0	0	0	0.4815	0	0.0789
A_{42}	0	0	0	0.1347	0	0.0221
A_{43}	0	0	0	0.0866	0	0.0142
A_{44}	0	0	0	0.2972	0	0.0487
A_{51}	0	0	0	0	0.4533	0.0868
A_{52}	0	0	0	0	0.0795	0.0152
A_{53}	0	0	0	0	0.2149	0.0412
A_{54}	0	0	0	0	0.2523	0.0482
一致性检验	CI = 0.0079，RI = 1.077；CR = 0.0073					

从层次分析法的权重计算结果可以看出，准则层的重要程度排序依次为资源维度、管理维度、经济维度、生态环境维度和社会维度。指标层中权重最高的前五位分别为受益区人均水资源量、管理体制合理性、受益区环境质量达标率、受益区供水模数、受益区供水效益。权重最低的前五位分别是受益区植被覆盖率、管理规范化程度、受益区水土流失治理率、受益区就业效益和受益区人均 GDP。

2.3.3 熵值法确定客观权重

熵值法基于不同指标自身所包括的信息量确定指标权重，是一种客观确权方法。假设某指标信息量较大，那么其不确定性就比较小，其熵值就比较小，熵值较小表示该指标基于评价目标的重要程度比较高，则该指标的权重较大。熵值法虽然基于客观数据有效地避免了人为主观误差所带来的影响，但是无法考虑指标本身在实际中的作用，因此由熵值法计算得到的指标权重很可能出现不符合实际的情况。熵值法计算指标权重的步骤如下。假设评价体系有 m 个指标，有 n 个评价对象参与评价，建立决策矩阵如下：

$$X = (x_{ij})_{n \times n} = \begin{pmatrix} x_{11} & \cdots & x_{1n} \\ \vdots & & \vdots \\ x_{n1} & \cdots & x_{nn} \end{pmatrix} \tag{2-19}$$

1. 数据处理

数据处理包括数据空值处理、异常值处理和标准化处理。数据标准化处理即将指标数据同质化，指标对国家水网可持续性的影响分为正向和负向两种。

正向指标处理方式为

$$x'_{ij} = \frac{x_{ij} - \min\{x_{1j}, \cdots, x_{nj}\}}{\max\{x_{1j}, \cdots, x_{nj}\} - \min\{x_{1j}, \cdots, x_{nj}\}} \tag{2-20}$$

负向指标处理方式为

$$x'_{ij} = \frac{\max\{x_{1j}, \cdots, x_{nj}\} - x_{ij}}{\max\{x_{1j}, \cdots, x_{nj}\} - \min\{x_{1j}, \cdots, x_{nj}\}} \tag{2-21}$$

2. 计算第 j 项指标下第 i 个样本值所占比例

$$p_{ij} = \frac{x_{ij}}{\sum_{i=1}^{n} x_{ij}}, i = 1, \cdots, n; j = 1, \cdots, m \tag{2-22}$$

3. 计算第 j 项指标的熵值

$$e_j = -k \sum_{i=1}^{n} p_{ij} \ln p_{ij}, j = 1, \cdots, m \tag{2-23}$$

式中，一般 $k = 1/\ln$，$m > 0$，保证 $0 \leq e_j \leq 1$。

4. 计算第 j 项指标的差异系数

$$d_j = 1 - e_j, j = 1, \cdots, m \tag{2-24}$$

5. 计算各项指标的权重

$$\beta_j = \frac{d_j}{\sum_{j=1}^{m} d_j}, j = 1, \cdots, m \tag{2-25}$$

6. 熵值法确定案例权重

选取胶东水网工程作为熵值法案例确定权重。胶东水网工程受益区为胶东四市（青岛、烟台、威海、潍坊）。数据时间跨度为 2013~2022 年，指标数据来源于 2013~2022 年山东省水资源公报、2013~2022 年山东统计年鉴、2013~2022 年山东省生态环境状况公报、2013~2022 年山东省水土保持公报、胶东水网工程实地调研结果，对于无法获取数据的指标，邀请水利工程、水文水资源等领域的 10 位专家根据胶东水网工程实际情况进行评估，通过系统收集和整理形成初始数据集。对初始数据集进行计算和数据处理后计算熵值法权重，具体结果见表 2-14。

表 2-14 采用熵值法计算的指标层权重结果

指标层	指标类型	信息熵值 e	差异系数 d	权重 w
A_{11}	正向	0.7855	0.2145	0.0847
A_{12}	负向	0.8097	0.1903	0.0751
A_{13}	负向	0.8820	0.1180	0.0566
A_{14}	负向	0.8097	0.1903	0.0751
A_{21}	正向	0.9320	0.0680	0.0268
A_{22}	正向	0.9132	0.0868	0.0342
A_{23}	正向	0.9045	0.0955	0.0577
A_{24}	正向	0.8868	0.1132	0.0447
A_{31}	正向	0.8888	0.1112	0.0539
A_{32}	负向	0.9426	0.0574	0.0227
A_{33}	正向	0.9003	0.0997	0.0394
A_{34}	正向	0.9042	0.0958	0.0478
A_{41}	正向	0.9214	0.0786	0.0310
A_{42}	正向	0.9073	0.0927	0.0366
A_{43}	正向	0.8834	0.1166	0.0460
A_{44}	正向	0.5945	0.4055	0.0700
A_{51}	正向	0.8830	0.1170	0.0762
A_{52}	正向	0.8863	0.1137	0.0449
A_{53}	正向	0.9053	0.0947	0.0374
A_{54}	正向	0.9256	0.0744	0.0394

对采用熵值法计算的指标层权重结果按不同维度进行汇总，得到准则层的权重结果

(表2-15)。

表2-15 采用熵值法计算的准则层权重结果

项目	准则层				
	A_1	A_2	A_3	A_4	A_5
权重	0.2915	0.1634	0.1637	0.1836	0.1978

从采用熵值法计算的权重结果可以看出，准则层的重要程度排序依次为资源维度、管理维度、生态环境维度、经济维度和社会维度。指标层中权重最高的前五位分别为受益区供水模数、管理体制合理性、受益区产水模数、受益区人均水资源量和受益区生态用水满足率。权重最低的前五位分别是受益区综合水价、受益区就业效益、受益区环境质量达标率、受益区人均用水量和受益区水土流失治理率。

2.3.4 博弈论确定综合权重

博弈论可以将不同的指标权重确定方法得到的权重结果有机结合，从而得到一个比较均衡的权重结果。其方法流程如下：假设使用L种指标赋权方法，可以构造L个权重向量$u_k = [u_{k1}, u_{k2}, \cdots, u_{km}]$，$k=1, 2, \cdots, L$，$m$为指标个数。不同向量的任意线性组合为

$$u = \sum_{k=1}^{L} a_k \cdot u_k^{\mathrm{T}}, a_k > 0 \tag{2-26}$$

式中，u为综合权重向量；a_k为线性组合系数。

对a_k进行优化，并极小化u与u_k的离差，从而获得合理的权重偏好度。

$$\min \left\| \sum_{k=1}^{L} a_k \cdot u_k^{\mathrm{T}} - u_v \right\|_2 \tag{2-27}$$

式中，$v=1, 2, \cdots, L$。式（2-26）可转化为

$$\begin{bmatrix} u_1 \cdot u_1^{\mathrm{T}} & u_1 \cdot u_2^{\mathrm{T}} & \cdots & u_1 \cdot u_L^{\mathrm{T}} \\ u_2 \cdot u_1^{\mathrm{T}} & u_2 \cdot u_2^{\mathrm{T}} & \cdots & u_2 \cdot u_L^{\mathrm{T}} \\ \vdots & \vdots & & \vdots \\ u_L \cdot u_1^{\mathrm{T}} & u_L \cdot u_2^{\mathrm{T}} & \cdots & u_L \cdot u_L^{\mathrm{T}} \end{bmatrix} \begin{bmatrix} a_1 \\ a_2 \\ \vdots \\ a_L \end{bmatrix} = \begin{bmatrix} u_1 \cdot u_1^{\mathrm{T}} \\ u_2 \cdot u_2^{\mathrm{T}} \\ \vdots \\ u_L \cdot u_L^{\mathrm{T}} \end{bmatrix} \tag{2-28}$$

计算得到$(a_1, a_2, \cdots, a_L)$，再对指标进行归一化处理，得到主客观权重偏好度：

$$a_k^* = \frac{a_k}{\sum_{k=1}^{L} a_k} \tag{2-29}$$

运用博弈论得出的综合权重向量为

$$u^* = \sum_{k=1}^{L} a_k^* \cdot u_k^{\mathrm{T}} \tag{2-30}$$

将层次分析法和熵值法的权重统计结果以及博弈论组合赋权结果进行汇总和排序，准则层结果详见表2-16，指标层结果详见表2-17。

表 2-16　准则层博弈论组合权重汇总

准则层	层次分析法 权重	排序	熵值法 权重	排序	博弈论组合赋权 权重	排序
A_1	0.3171	1	0.2915	1	0.3154	1
A_2	0.1527	5	0.1634	5	0.1533	5
A_3	0.1749	3	0.1637	4	0.1742	3
A_4	0.1638	4	0.1836	3	0.1653	4
A_5	0.1915	2	0.1978	2	0.1918	2

表 2-17　指标层博弈论组合权重汇总

指标层	层次分析法 权重	排序	熵值法 权重	排序	博弈论组合赋权 权重	排序
A_{11}	0.0758	4	0.0847	1	0.0764	3
A_{12}	0.0343	15	0.0751	3	0.0371	15
A_{13}	0.0438	10	0.0566	7	0.0447	9
A_{14}	0.1632	1	0.0751	4	0.1572	1
A_{21}	0.0266	17	0.0268	19	0.0266	17
A_{22}	0.0448	9	0.0342	17	0.0441	10
A_{23}	0.0398	14	0.0577	6	0.041	13
A_{24}	0.0414	12	0.0447	12	0.0416	12
A_{31}	0.0417	11	0.0539	8	0.0425	11
A_{32}	0.0488	6	0.0227	20	0.047	8
A_{33}	0.0291	16	0.0394	13	0.0298	16
A_{34}	0.0554	5	0.0478	9	0.0549	5
A_{41}	0.0789	3	0.0310	18	0.0756	4
A_{42}	0.0221	18	0.0366	16	0.0231	18
A_{43}	0.0142	20	0.0460	10	0.0164	20
A_{44}	0.0487	7	0.0700	5	0.0502	6
A_{51}	0.0868	2	0.0762	2	0.0861	2
A_{52}	0.0152	19	0.0449	11	0.0172	19
A_{53}	0.0412	13	0.0374	15	0.0409	14
A_{54}	0.0482	8	0.0394	14	0.0476	7

2.3.5 指标权重结果分析

基于上述博弈论组合赋权的计算结果，准则层的重要程度排序依次为资源维度、管理维度、经济维度、生态环境维度和社会维度。国家水网工程最根本的功能是水资源配置，因此受益区水资源量是影响国家水网工程可持续性的关键，资源维度是影响国家水网工程可持续性的最大影响因素。管理维度方面，管理体制合理性、管理智能化水平等指标直接决定国家水网工程能否稳定良好运行以及管理效率、管理决策正确性等关键因素，因此管理维度重要性排名第二。经济维度是衡量国家水网工程经济效益的重要维度，经济效益是国家水网工程能否可持续运行的关键，对于国家水网工程的可持续性有着直接影响。生态环境维度和社会维度体现国家水网工程对受益区的生态环境影响和社会影响，其与国家水网工程既相互促进，又相互制约，虽然权重占比偏小，但依旧是国家水网工程可持续性的重要保障。

指标层方面，资源维度指标权重由高到低依次为受益区人均水资源量、受益区供水模数、受益区产水系数、受益区产水模数，并且受益区人均水资源量在所有指标权重中排名第1位，这说明人均水资源量是表征国家水网工程可持续性最关键的指标。社会维度指标权重由高到低依次为受益区人均用水量、受益区水资源监管力度、受益区社会稳定性、受益区就业效益，指标权重排名均靠后，说明其对国家水网工程可持续性的影响较小。经济维度指标权重由高到低依次为受益区供水效益、受益区综合水价、经济内部收益率和受益区人均GDP，其中，受益区供水效益和受益区综合水价指标权重分别排名第5位和第8位，说明其对国家水网工程可持续性的影响较大。生态环境维度指标权重由高到低依次为受益区环境质量达标率、受益区生态用水满足率、受益区水土流失治理率和受益区植被覆盖率，其中，受益区环境质量达标率和受益区生态用水满足率指标权重分别高居第4位和第6位，说明受益区环境质量达标率以及受益区生态用水满足率是衡量国家水网工程可持续性不可忽视的一部分。管理维度指标权重由高到低依次为管理体制合理性、管理智能化水平、资金有效管理情况和管理规范化程度，其中，管理体制合理性指标权重在所有指标中排名第2位，说明管理体制合理性对国家水网工程来说至关重要，是国家水网工程能否实现可持续运行和高质量发展的根本保证。

2.3.6 模糊综合评价模型的建立

模糊综合评价法是一种基于模糊数学的主要对包含多种因素影响的对象进行评价的综合评价方法，能够针对评价对象出现的界限不清或者指标难以定量的情况，采取模糊数学方法对评价对象的不同影响因素进行整体评估。模糊综合评价法的优点包括评价结果明确、系统性强、实用性高等,可以有效地解决难以进行量化评价的模糊问题。

1. 确立因素集和评语等级集

本章已经确立模糊综合评价法的因素集,即国家水网工程可持续性评价指标体系。国家水网工程的可持续性模糊综合评价评语等级集 $V=\{$很低,低,一般,高,很高$\}$。"很高"表明国家水网工程可持续性很高;"高"表明国家水网工程可持续性高;"一般"表明国家水网工程勉强达到可持续状态;"低"表明国家水网工程没有达到可持续状态;"很低"表明国家水网工程远远没有达到可持续状态。

2. 建立模糊关系

1)对国家水网工程可持续性评价建立模糊关系判断矩阵 R。

$$R = \begin{bmatrix} r_{11} & r_{12} & \cdots & r_{1m} \\ r_{21} & r_{22} & \cdots & r_{2m} \\ \vdots & \vdots & r_{ij} & \vdots \\ r_{p1} & r_{p2} & \cdots & r_{pm} \end{bmatrix} \tag{2-31}$$

式中,r_{ij} 为评价指标体系中第 i 个指标与评语等级集 V 中第 j 个等级 V_j 的隶属程度。

2)定性指标隶属度的确定。

通过专家评价法确定定性指标的隶属度。假设一共邀请 X 名专家基于评语等级集 $V=\{$很低,低,一般,高,很高$\}$ 对定性指标隶属度进行确定。则指标隶属度函数为 n/X,其中,n 表示评价相同评语等级的专家人数。假设专家人数为 10 名,有 3 名专家给出指标评语等级为"很高",7 名专家给出指标评语等级为"高",则该指标隶属度为 $\{0,0,0,0.7,0.3\}$。

3)定量指标隶属度的确定。

首先针对不同量纲和不同数量级的定量指标进行无量纲化处理。在国家水网工程的可持续性评价指标体系中,定量指标一般可以分为两种:一种是极大型指标,与熵值法中正向指标相同,其指标数值大小与国家水网工程可持续性呈正相关;另一种是极小型指标,其指标数值大小与国家水网工程可持续性呈负相关。

极大型指标的隶属度函数:

$$f(x) = \begin{cases} 0, x \leq y_i \\ \dfrac{x-y_i}{Y_i-y_i}, y_i < x < Y_i \\ 1, x \geq Y_i \end{cases} \tag{2-32}$$

极小型指标的隶属度函数：

$$f(x) = \begin{cases} 1, x \leq y_i \\ \dfrac{Y_i - x}{Y_i - y_i}, y_i < x < Y_i \\ 0, x \geq Y_i \end{cases} \tag{2-33}$$

式中，x 为定量指标的实际数值；Y_i 和 y_i 分别为第 i 个评语等级的区间范围值，并且 $Y_i > y_i$；$f(x)$ 为定量指标对该评语等级的隶属度。

国家水网工程可持续性评价定量指标分级标准应以实现国家水网工程可持续发展为目标。本研究将国家水网工程可持续性评价定量指标分级标准同样分为"很低（Ⅰ级）""低（Ⅱ级）""一般（Ⅲ级）""高（Ⅳ级）""很高（Ⅴ级）"5个等级。定量指标的分级标准通过已有相关标准、参考相关文献资料、专家讨论得出，国家水网工程可持续性评价定量指标分级标准见表2-18。其中，由于人均用水量指标和受益区综合水价指标的特殊性，需对"很高（Ⅴ级）"标准设定限值，在超过限值的情况下，按"很低（Ⅰ级）"标准处理。

表2-18 国家水网工程可持续性评价定量指标分级标准

指标	单位	类型	Ⅰ级	Ⅱ级	Ⅲ级	Ⅳ级	Ⅴ级
受益区供水模数 A_{11}	万 m³/km²	极大型	<5	5~6	6~7	7~9	9
受益区产水模数 A_{12}	万 m³/km²	极小型	60	50~60	30~50	20~30	<20
受益区产水系数 A_{13}	%	极小型	60	50~60	30~50	20~30	<20
受益区人均水资源量 A_{14}	m³	极小型	2000	1000~2000	500~1000	300~500	<300
受益区人均用水量 A_{22}	m³	极大型	<100	100~200	200~300	300~350	350~400
经济内部收益率 A_{31}	%	极大型	<5	5~8	8~9	9~12	12
受益区综合水价 A_{32}	元	极小型	4	3.5~4	3~3.5	2.5~3	2~2.5
受益区人均GDP A_{33}	万元	极大型	<1	1~2	2~4	4~5	5
受益区环境质量达标率 A_{41}	%	极大型	<70	70~75	75~80	80~85	85
受益区水土流失治理率 A_{42}	%	极大型	<2	2~3	3~4	4~5	5
受益区植被覆盖率 A_{43}	%	极大型	<10	10~12	12~15	15~20	20
受益区生态用水满足率 A_{44}	%	极大型	<1	1~2	2~3	3~5	5
资金有效管理情况 A_{53}	%	极大型	<60	60~70	70~80	80~90	90

3. 模糊综合评判计算

模糊综合评价法的核心步骤是将得出的指标权重与构建的模糊关系矩阵进行合成运算

处理，即模糊综合评判。

使用合成算子对国家水网工程可持续性评价指标的权重 W 与其模糊关系矩阵 R 进行合成计算，得到模糊综合评判结果向量 B_1。

$$B = W \circ R = (w_1, w_2, \cdots, w_p) \begin{bmatrix} r_{11} & r_{12} & \cdots & r_{1m} \\ r_{21} & r_{22} & \cdots & r_{2m} \\ \vdots & \vdots & & \vdots \\ r_{p1} & r_{p2} & \cdots & r_{pm} \end{bmatrix} = (B_1, B_2, \cdots, B_p) \quad (2-34)$$

式中，B_1 为单一层次的模糊综合评价结果，由不同层次顺序得到模糊综合评判的最终向量 B。

模糊综合评判得出的结果实际上是一个模糊向量，可以表征评价对象的模糊状况，但是该结果不利于国家水网工程可持续性评价结果之间进行横向与纵向比较，因此需要对模糊向量进行量化处理。本研究使用加权平均法，基于评语等级集设立不同等级相对应的量化值，使用评语等级量化值对得到的模糊向量进行加权处理，可以使评价结果更加清晰有效。不同评语等级所对应的分值区间和量化值见表2-19。

表2-19 分值区间和量化值

项目	评语等级				
	很低	低	一般	高	很高
分值区间	[25, 40)	[40, 55)	[55, 70)	[70, 85)	[85, 100)
量化值	32.5	47.5	62.5	77.5	92.5

本研究选用加权平均方法对模糊向量进行处理：

$$S = B_1 \times 92.5 + B_2 \times 77.5 + B_3 \times 62.5 + B_4 \times 47.5 + B_5 \times 32.5 \quad (2-35)$$

式中，S 为国家水网工程可持续性评价的最终得分结果；B_p ($p = 1, 2, 3, 4, 5$) 为不同准则层模糊综合向量的向量值。

2.4 胶东水网工程可持续性评价

2.4.1 案例概况

胶东水网工程是山东现代水网的重要组成部分，由胶东调水工程（引黄济青工程和胶东地区引黄调水工程）、黄水东调工程、峡山水库等引调水工程和水利枢纽工程组成，工程受益区包括青岛、烟台、潍坊、威海四市。

胶东调水工程2022～2023年总引水量7.04亿 m^3，总配水量6.27亿 m^3，受水市包括东营、潍坊、青岛、烟台4市（数据来源于山东省水利厅）。黄水东调工程年供水量3.15亿 m^3。峡山水库是山东最大的水库，供水业务分为城乡生活及工业企业供水、灌区农业用水、生态补水、跨流域调水等几大部分。供水覆盖潍坊主城区、滨海经济技术开发区、寒亭区、峡山区、昌邑市、高密市等市区，受益人口260多万人。胶东水网工程极大地缓解了胶东四市的水资源短缺问题，大大提高了山东半岛的水资源配置能力，对于保障山东半岛经济社会可持续发展意义重大。

胶东调水工程由引黄济青工程和胶东地区引黄调水工程组成，其管理单位为山东省调水工程运行维护中心，负责引黄济青工程和胶东地区引黄调水工程各个口门的调度运行和管理，负责水量的调配和水费收缴、分配和管理。黄水东调工程分为应急工程和二期工程，2024年以前由山东省人民政府国有资产监督管理委员会水发集团一级平台水发集团有限公司负责建设和运营，管理单位为山东水发黄水东调工程有限公司。2024年1月，山东水发黄水东调工程有限公司由水发集团有限公司（山东省人民政府国有资产监督管理委员会管理）整体划转至山东省调水工程运行维护中心，由此实现了胶东调水工程和黄水东调工程的集中统一管理。峡山水库目前由潍坊市人民政府进行管理。

2.4.2 可持续性评价

1. 指标隶属度的确定

(1) 定量指标隶属度

基于2013～2022年胶东水网工程指标数据，取定量指标数据平均值进行隶属度的确定。数据时间跨度为2013～2022年，指标数据来源于2013～2022年山东省水资源公报、2013～2022年山东统计年鉴、2013～2022年山东省生态环境状况公报、2013～2022年山东省水土保持公报以及胶东水网工程实地调研结果。基于国家水网工程定量指标分级标准，采用隶属函数（2.32, 2.33），确定胶东水网工程定量指标隶属度，胶东水网工程定量指标数据及隶属度汇总见表2-20。

表2-20 胶东水网工程定量指标数据及隶属度汇总

定量指标	单位	类型	数值	隶属度
受益区供水模数 A_{11}	万 m^3/km^2	极大型	7.96	(0, 0, 0.52, 0.48, 0)
受益区产水模数 A_{12}	万 m^3/km^2	极小型	17.06	(0, 0, 0, 0, 1)
受益区产水系数 A_{13}	%	极小型	23.02	(0, 0, 0.70, 0.30)

续表

定量指标	单位	类型	数值	隶属度
受益区人均水资源量 A_{14}	m³	极小型	269.45	(0, 0, 0, 0, 1)
受益区人均用水量 A_{22}	m³	极大型	126.95	(0.26, 0.74, 0, 0, 0)
经济内部收益率 A_{31}	%	极大型	11.68	(0, 0, 0, 0.89, 0.11)
受益区综合水价 A_{32}	元	极小型	2.78	(0, 0, 0.44, 0.56, 0)
受益区人均GDP A_{33}	万元	极大型	9.54	(0, 0, 0, 0, 1)
受益区环境质量达标率 A_{41}	%	极大型	83.01	(0, 0, 0, 0.60, 0.40)
受益区水土流失治理率 A_{42}	%	极大型	4.79	(0, 0, 0, 0.79, 0.21)
受益区植被覆盖率 A_{43}	%	极大型	15.15	(0, 0, 0.83, 0.17, 0)
受益区生态用水满足率 A_{44}	%	极大型	4.82	(0, 0, 0, 0.91, 0.09)
资金有效管理情况 A_{53}	%	极大型	95.40	(0, 0, 0, 0, 1)

（2）定性指标隶属度

邀请10名水利工程、水文水资源等领域专家对胶东水网工程定性指标进行评价，确定的胶东水网工程定性指标隶属度见表2-21。

表2-21 胶东水网工程定性指标隶属度

定性指标	隶属度
受益区就业效益	(0, 0, 0, 0.3, 0.7)
受益区社会稳定性	(0, 0, 0, 0, 1)
受益区水资源监管力度	(0, 0, 0, 0.1, 0.9)
受益区供水效益	(0, 0, 0, 0.2, 0.8)
管理体制合理性	(0, 0, 0, 0.1, 0.9)
管理规范化程度	(0, 0, 0, 0.2, 0.8)
管理智能化水平	(0, 0, 0, 0.3, 0.7)

2. 模糊综合评判

（1）准则层模糊综合评判计算

准则层各维度指标权重已在本章由博弈论组合赋权求出，基于各维度准则层权重，对各维度指标层权重进行归一化处理。

资源维度指标层权重 W_1 = [0.2429, 0.1152, 0.1421, 0.4998]；社会维度指标层权重 W_2 = [0.1735, 0.2877, 0.2674, 0.2714]；经济维度指标层权重 W_3 = [0.2440,

0.2698，0.1711，0.3151］；生态环境维度指标层权重 W_4 = ［0.4574，0.1397，0.0992，0.3037］；管理维度指标层权重 W_5 = ［0.4489，0.0897，0.2133，0.2481］。

构建指标层各维度模糊关系矩阵，资源维度指标层模糊关系矩阵为

$$R_1 = \begin{bmatrix} 0 & 0 & 0.52 & 0.48 & 0 \\ 0 & 0 & 0 & 0 & 1 \\ 0 & 0 & 0 & 0.70 & 0.30 \\ 0 & 0 & 0 & 0 & 1 \end{bmatrix}$$

社会维度指标层模糊关系矩阵为

$$R_2 = \begin{bmatrix} 0 & 0 & 0 & 0.3 & 0.7 \\ 0.26 & 0.74 & 0 & 0 & 0 \\ 0 & 0 & 0 & 0 & 1 \\ 0 & 0 & 0 & 0.1 & 0.9 \end{bmatrix}$$

经济维度指标层模糊关系矩阵为

$$R_3 = \begin{bmatrix} 0 & 0 & 0 & 0.89 & 0.11 \\ 0 & 0 & 0.44 & 0.56 & 0 \\ 0 & 0 & 0 & 0 & 1 \\ 0 & 0 & 0 & 0.2 & 0.8 \end{bmatrix}$$

生态环境维度指标层模糊关系矩阵为

$$R_4 = \begin{bmatrix} 0 & 0 & 0 & 0.60 & 0.40 \\ 0 & 0 & 0 & 0.79 & 0.21 \\ 0 & 0 & 0.83 & 0.17 & 0 \\ 0 & 0 & 0 & 0.91 & 0.09 \end{bmatrix}$$

管理维度指标层模糊关系矩阵为

$$R_5 = \begin{bmatrix} 0 & 0 & 0 & 0.1 & 0.9 \\ 0 & 0 & 0 & 0.2 & 0.8 \\ 0 & 0 & 0 & 0 & 1 \\ 0 & 0 & 0 & 0.3 & 0.7 \end{bmatrix}$$

资源维度指标的模糊综合评判向量 $B_1 = W_1 \circ R_1$ = (0, 0, 0.1263, 0.2161, 0.6576)；社会维度指标的模糊综合评判向量 $B_2 = W_2 \circ R_2$ = (0.0748, 0.2129, 0, 0.0792, 0.6331)；经济维度指标的模糊综合评判向量 $B_3 = W_3 \circ R_3$ = (0, 0, 0.1187, 0.4313, 0.4500)；生态环境维度指标的模糊综合评判向量 $B_4 = W_4 \circ R_4$ = (0, 0, 0.0823, 0.6780, 0.2396)；管理维度指标的模糊综合评判向量 $B_5 = W_5 \circ R_5$ = (0, 0, 0, 0.1373, 0.8627)。

(2) 目标层模糊综合评判计算

国家水网工程可持续性准则层权重已在本章由博弈论组合赋权求出。

$$W = [0.3154, 0.1533, 0.1742, 0.1653, 0.1918]$$

目标层模糊关系矩阵为

$$(B_1, B_2, B_3, B_4, B_5)^{\mathrm{T}} = \begin{bmatrix} 0 & 0 & 0.1263 & 0.2161 & 0.6576 \\ 0.0748 & 0.2129 & 0 & 0.0792 & 0.6331 \\ 0 & 0 & 0.1187 & 0.4313 & 0.4500 \\ 0 & 0 & 0.0823 & 0.6780 & 0.2396 \\ 0 & 0 & 0 & 0.1373 & 0.8627 \end{bmatrix}$$

胶东水网工程可持续性指标的模糊综合评判向量 $B = W \circ R = (0.0115, 0.0326, 0.0741, 0.2938, 0.5879)$。

通过表2-19的评语等级量化值，运用加权平均方法对模糊向量（B_1，B_2，B_3，B_4，B_5）进行处理，结果见图2-9。由图2-9可见，胶东水网工程资源维度可持续性评价得分为85.43，其可持续性评价等级为"很高"；社会维度可持续性评价得分为77.24，其可持续性评价等级为"高"；经济维度可持续性评价得分为78.44，其可持续性评价等级为"高"；生态环境维度可持续性评价得分为79.85，其可持续性评价等级为"高"；管理维度可持续性评价得分为90.44，其可持续性评价等级为"很高"。

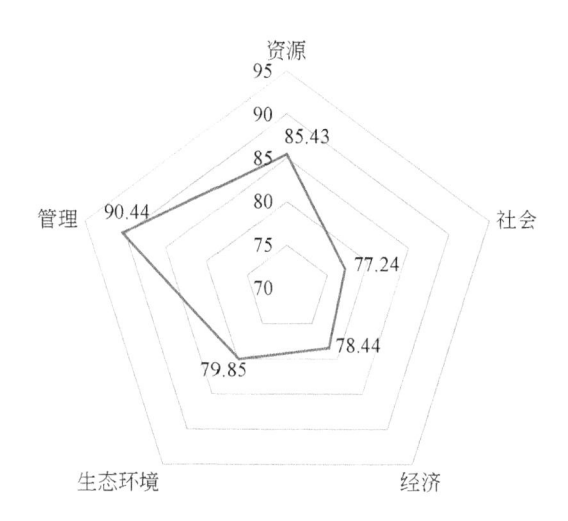

图2-9 胶东水网工程资源、社会、经济、生态环境、管理维度可持续性评价得分

对胶东水网工程可持续性指标的模糊综合评判向量 B 进行处理，得其评价得分为 $S = 82.83$，其可持续性评价等级为"高"。

3. 评价结果分析

通过对胶东水网工程进行可持续性评价实例分析，得出了其不同维度的可持续性，由评价结果可知，胶东水网工程资源维度可持续性评价等级为"很高"，胶东水网工程受益区胶东四市（青岛、烟台、潍坊、威海）的人均水资源量较低，远未达到世界平均水平，这与我国独特的水资源禀赋有关，胶东水网工程极大地缓解了胶东地区的水资源短缺情况，其水资源配置能力较强，胶东调水工程为胶东地区年输送水量近 5 亿 m^3，使胶东地区人民的用水问题得到了有效解决，导致胶东四市对胶东水网工程的依赖性极高，因此从资源维度来看，胶东水网工程可持续性很高。

胶东水网工程社会维度和经济维度可持续性评价等级为"高"，胶东调水工程使胶东地区人民的用水问题得到了有效解决，产生了一定的就业效益，有着较高的社会影响力和公众满意度。胶东水网工程生态环境维度可持续性评价等级为"高"，这是由于受益区环境质量达标率较高、植被覆盖率等也达到了一定程度，并且水土流失治理、生态环境用水等工作也取得了一定成果。胶东水网工程管理维度可持续性评价等级为"很高"，说明胶东水网工程在管理体制、管理规范化程度、管理智能化等方面水平很高。2023 年 10 月水利部公布的第一批水利部标准化管理调水工程名单中，胶东调水工程被认定为水利部标准化管理调水工程，说明胶东调水工程在管理方面的成效已经得到了国家认可，印证了评价结果的可靠性。

2.5 小　　结

本章进行了国家水网工程可持续性评价研究，初步解释了国家水网工程可持续性的概念；建立了国家水网工程可持续性评价指标体系，并采取博弈论组合赋权法确定了指标权重；对胶东水网工程进行了可持续性评价实例分析，验证了国家水网工程可持续性评价指标体系的可靠性。主要研究结论如下。

1）对国家水网工程可持续性的概念进行了初步定义。国家水网工程可持续性的概念可以从时间尺度和空间尺度两方面入手，其本质特征包含发展度、协调度、持续度，其科学内涵体现为资源配置充分性、经济效益合理性、社会影响和谐性、生态环境友好性和管理体系完整性。本研究对国家水网工程可持续性的初步定义如下：国家水网工程在其无限的生命周期中，在完整科学的管理体系下稳定发挥水资源调配、流域防洪减灾、水环境保护等功能；保持与经济、社会、环境之间的协调性并持续发挥社会、经济、环境效益；优化我国水资源配置、全面提升我国水安全保障可持续能力。

2）建立了国家水网工程可持续性评价指标体系。结合国家水网工程可持续性的科学内涵，根据准确性、可行性、定性定量相结合等原则，采用 CiteSpace 软件对大量文献进行了指标频度分析，提取高频指标，考虑指标特性及获取途径等，再结合专家意见，对指标进行进一步筛选得到最终的国家水网工程可持续性评价指标体系，其包含资源、社会、经济、生态环境、管理 5 个维度共 20 项指标。其中，资源维度包含受益区供水模数、受益区产水模数、受益区产水系数、受益区人均水资源量4项指标；社会维度包含受益区就业效益、受益区人均用水量、受益区社会稳定性、受益区水资源监管力度4项指标；经济维度包含经济内部收益率、受益区综合水价、受益区人均GDP、受益区供水效益4项指标；生态环境维度包含受益区环境质量达标率、受益区水土流失治理率、受益区植被覆盖率、受益区生态用水满足率4项指标；管理维度包含管理体制合理性、管理规范化程度、资金有效管理情况、管理智能化水平4项指标。

3）确定了国家水网工程可持续性评价指标的权重，以此识别出影响国家水网工程可持续性的关键因素与主要风险因子。采用层次分析法和熵值法并基于博弈论组合赋权确定国家水网工程可持续性评价指标权重，准则层的重要程度排序依次为资源维度、管理维度、经济维度、生态环境维度和社会维度。说明资源和管理是影响国家水网工程可持续性最重要的两个因素。指标层的高权重指标包括人均水资源量、管理体制合理性、受益区供水效益、受益区综合水价、管理智能化水平等，它们是影响国家水网工程可持续运行的主要风险因子，需要进行深入研究，以确保国家水网工程可持续性。

4）基于国家水网工程可持续性评价指标体系，采用模糊综合评价法对胶东水网工程可持续性进行了实例分析。得出胶东水网工程可持续性评价得分为82.83分，其可持续性评价等级为"高"，与胶东调水工程被水利部认定为全国第一批标准化管理调水工程的结果相符。其资源、社会、经济、生态环境、管理5个维度的可持续性评价等级分别为"很高""高""高""高""很高"。管理维度评价得分最高，资源维度评价得分次之，是导致胶东水网工程可持续性高的主要因素。

第 3 章 国家水网工程管理体制合理性研究

3.1 理论基础与研究思路

基于第 2 章博弈论组合赋权结果，管理体制合理性指标权重在所有指标中排名第 2，说明管理体制合理性对国家水网工程来说至关重要，但管理体制合理性为定性指标，缺乏有效的研究方法来对其进行评价。因此，本章针对国家水网工程管理体制合理性进行深入研究，从而为管理体制合理性这一关键指标的评价方法提供参考。众多国内外研究均表明，对大型工程进行集中统一管理是工程管理的正确决策（Jang et al.，2022；Lekan et al.，2022；Bento et al.，2022；Guan et al.，2023）。《国家水网建设规划纲要》也明确提出要创新水网建设管理体制，深化工程管理体制改革，探索集中管理模式，从而确保国家水网工程良性运行。

制度变迁理论是经济学中一个非常著名的理论，研究者以美国当代经济史学家、诺贝尔奖获得者道格拉斯·诺思为代表人物，制度变迁理论在不同学科均有着广泛应用（史晋川和沈国兵，2002；韦森，2009）。基于制度变迁理论中的制度变迁过程，将其应用于国家水网管理体制研究中，提出国家水网管理体制改革的过程如下：①由政府主导实施国家水网管理体制改革；②提出有关国家水网管理体制改革的主要方案；③根据效益最大化、合法合规性等原则对方案进行评估和选择；④探索成立第二行动集团；⑤推动国家水网管理体制改革完成。本章聚焦于步骤①、②的研究。

本章基于制度变迁理论，以推动国家水网工程高质量发展为前提，考虑国家水网工程主要任务与发展目标，顺应《国家水网建设规划纲要》对国家水网管理体制的要求，以研究骨干水网、重要节点工程统一管理的体制机制为核心，进行国家水网工程管理体制合理性的研究。

国家水网工程管理体制合理性研究流程图见图 3-1。首先，调查了解国家水网利益相关各方的诉求与关切，综合形成备选方案集。方案比选采用 SWOT［S 是优势（strength），W 是劣势（weakness），O 是机会（opportunity），T 是威胁（threat）］分析法（龚小军，2003；刘稳等，2015）和专家综合评价法。应用 SWOT 分析法进行定性研究，分析各方案的优势、劣势、机会、威胁；两种方法分别提出初步推荐方案。根据相容性、成本性、功效性、可行性原则构建国家水网工程管理体制方案评价指标体系，邀请权威专家基于指标体系对方案集进行综合评价，进行定量研究，对各方案合理性进行测算与排序；将定性研究与定量研究相结合，在初步推荐方案中选择推荐方案。

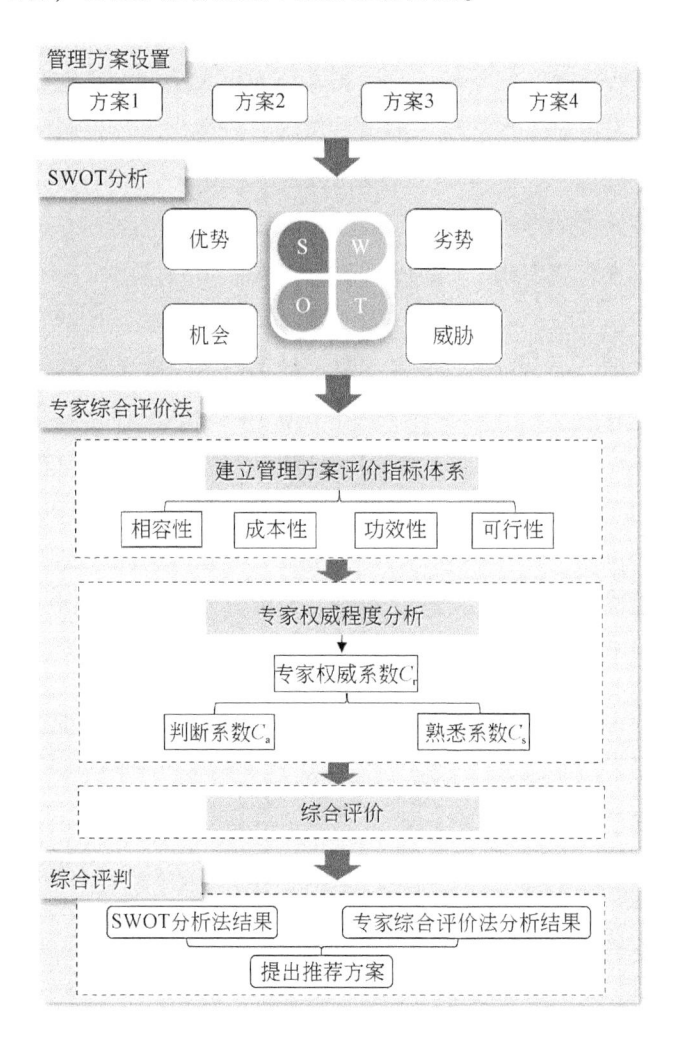

图 3-1 国家水网工程管理体制合理性研究流程图

3.2 管理体制方案设置

国家水网工程是对南水北调工程、三峡工程等代表性工程的系统整合，包括跨流域调水工程、控制性枢纽工程和地方水利工程等。南水北调工程是中国历史上规模最大、影响最深远的跨流域水资源调配工程，包括东线、中线和未来拟建的西线 3 条调水线路，与我国主要江河长江、淮河、黄河和海河一道形成了"四横三纵、南北调配、东西互济"的水资源整体布局。东、中线一期工程干线总输水长度达2900km，建成通水以来已累计向受水区调水将近600亿 m^3，显著缓解了北方地区农业、工业、生活及生态环境用水的竞争压力，优化了全国水资源的配置。

三峡水利枢纽工程跨越长江干流，是中国迄今为止规模最大、投资最多的水利工程项目。该工程集防洪、发电、供水灌溉、养殖、旅游、航运、水资源调配、节能减排等多种功能于一体，总库容高达393亿 m^3，累计发电量超过1000亿 kW·h。三峡工程对我国的能源供给和社会经济发展的影响巨大。

丹江口水库是南水北调中线工程的水源地，蓄水能力高达290.5亿 m^3。它为南水北调中线工程受水区北京、天津、河南等省（自治区、直辖市）提供生活和生产用水。丹江口水库不仅具备流域防洪、水力发电、农业灌溉、航道航运、养殖旅游等多种综合功能，还在汉江流域水资源配置中发挥了显著的作用并带来了巨大的效益。

表3-1显示了南水北调工程、三峡工程、丹江口水库目前的管理者信息，这3个工程均为政府投资修建的大型水利工程，目前分别由不同的集团公司进行管理，中国南水北调集团有限公司和中国长江三峡集团有限公司的出资人代表均为国务院国有资产监督管理委员会。汉江集团的出资人代表为水利部，因此，在国家水网工程管理体制研究过程中，应在立足构建国家水网工程的背景下，通盘考虑、统筹兼顾、协调各方。

表3-1　南水北调工程、三峡工程与丹江口水库管理情况

工程名称	直接管理单位	出资人代表
南水北调工程	中国南水北调集团有限公司	国务院国有资产监督管理委员会
三峡工程	中国长江三峡集团有限公司	国务院国有资产监督管理委员会
丹江口水库	汉江集团	水利部

根据国家水网工程的性质及特点与建设管理要求，以研究骨干调水工程、重要节点工程统一管理的体制机制为核心，考虑各方利益诉求，设置以下4个方案。

方案1：现有体制不变，南水北调东中线由中国南水北调集团有限公司管理，三峡工程由中国长江三峡集团有限公司管理，丹江口水库由汉江集团管理，沿线相关水库由地方管理。

方案2：将南水北调工程和三峡工程合并管理，丹江口水库由汉江集团管理，沿线相关水库由地方管理。

方案3：将南水北调工程、三峡工程、丹江口水库合并管理，沿线相关水库由地方管理。

方案 4：将南水北调工程、三峡工程、丹江口水库以及沿线所有水库合并管理。

3.3 管理体制方案比选

3.3.1 SWOT 分析法比选方案

应用 SWOT 分析法研究各种方案的优势、劣势、机会和威胁，厘清不同方案的优势和劣势，了解所面临的机会和威胁，提出初步推荐方案。结合多位专家意见，对 4 个方案进行了比较全面且专业的 SWOT 分析，见表 3-2～表 3-5。从 4 个方案的 SWOT 分析结果可以看出，各方案都具有一定的优势和劣势，机会与威胁共存。方案 3 最符合国家水网工程的功能需求，在确保水资源统一配置调度能力的前提下，补齐了各项短板，水资源配置能力等大幅提高，有利于水网工程效益发挥，并且做到了兼顾眼下、切实可行、着眼长远，有助于实现国家水网工程的功能需求和远景规划。

表 3-2　方案 1 SWOT 分析

分析项目	分析结果
S	现有管理体制达到平衡，可以满足当前水网运行需求
W	统一调度、配置能力不足； 不利于国家水网工程功能发挥； 国家水网工程远期发展目标与主要任务难以有效达成
O	维持现有管理体制，不易产生大的风险
T	长期来看难以满足国家水网工程的功能需求

表 3-3　方案 2 SWOT 分析

分析项目	分析结果
S	有利于实现南水北调工程与三峡工程统一配置与调度； 提高我国目前水资源配置效率、节约集约利用能力
W	实施起来有难度，不能充分调动南水北调工程与三峡工程积极性
O	国家大力支持方案实施； 《国家水网建设规划纲要》提出要求
T	外部环境变化（金融危机、战争等）影响方案的顺利实施

表 3-4 方案 3 SWOT 分析

分析项目	分析结果
S	国家水网统一配置调度能力进一步增强； 水资源配置、城乡供水、防洪排涝、水生态保护、水网智能化等短板和薄弱环节得以补齐； 水旱灾害防御能力、水资源节约集约利用能力、水资源优化配置能力、大江大河大湖生态保护治理能力进一步提高； 有利于水网工程效益发挥； 兼顾眼下、切实可行、着眼长远
W	实施难度较大，短时间内难以实现
O	国家大力支持方案实施； 《国家水网建设规划纲要》提出要求
T	外部环境变化（金融危机、战争等）影响方案的顺利实施

表 3-5 方案 4 SWOT 分析

分析项目	分析结果
S	水资源统一配置调度能力达到最强； 水资源节约集约高效利用水平、城乡供水安全保障水平、洪涝风险防控和应对能力、水生态空间有效保护能力、水土流失有效治理能力等达到最强
W	实施难度最大，需要全面布局与长远谋划； 管理难度最大，需要一个庞大、成熟、科学的管理体系进行支撑； 缺乏相关法律法规依据和经验； 地方水利工程积极性不高，不利于协调地方利益与积极性
O	国家大力支持方案实施； 《国家水网建设规划纲要》提出要求
T	外部环境变化（金融危机、战争等）影响方案的顺利实施

3.3.2 综合评价法比选方案

建立国家水网工程管理体制方案评价指标体系，邀请专家基于指标体系进行权威程度分析，并基于指标相关性和重要性进行打分，计算指标权重；利用综合分析法建立评价模型。利用评价模型对不同的方案进行评价，选择初步推荐方案。

1. 建立国家水网工程管理体制方案评价指标体系

国家水网工程管理体制方案评价指标体系见表 3-6。指标体系应能够较全面地反映国家水网工程管理体制的基本原则。基于制度变迁过程中效益最大化、合法合规性的原则，从以下四方面构建评价指标体系。相容性：与现有体制相适应，符合国家水网工程水资源管理体制革新方向。成本性：将构建体制本身的成本和体制运行成本进行有效控制。功效性：能够实现国家水网工程建设的目标与设计功能。可行性：在现行体制和政策实施背景下，可以操作。

表3-6 国家水网工程管理体制方案评价指标体系

序号	指标特性	指标
1	相容性	有利于社会资本参与，拓宽项目投融资渠道
2		有利于政企分开
3		有利于市场运作
4		符合水利工程建设与管理体制改革相关规定
5	成本性	有利于控制工程建设成本
6		有利于降低项目运行费用
7		有利于控制项目管理风险
8	功效性	有利于协调各方利益、调动各方积极性
9		有利于保证工程调度的时效性
10		有利于工程公益性功能发挥
11	可行性	有利于与项目前期建管工作的衔接
12		有充足的法律法规依据与相关经验

2. 专家权威程度分析

为保证国家水网工程管理体制方案评价的客观性和权威性，本研究邀请高校、科研院所、企事业单位等不同工作部门；水文学及水资源、水利政策研究、水利水电工程等不同专业领域专家共33位，其中拥有博士学位的专家数量占72.7%，高级职称专家数量占75.8%，专家工作单位、专业和研究领域、受教育程度、职称情况见表3-7。

表3-7 国家水网工程管理体制方案评价专家基本情况

主要信息	分组	人数
工作单位	北京理工大学、北京师范大学、中国人民大学、河海大学等9所高校	12
	水利部发展研究中心、中国水利学会等4所企事业单位	10
	中国水利水电科学研究院、中国科学院地理科学与资源研究所等3所科研院所	8
	水利部南水北调规划设计管理局、水利部综合事业局等政府部门	3

续表

主要信息	分组	人数
专业和研究领域	水文学及水资源	10
	水利政策研究	4
	水资源管理与规划	8
	水利水电工程	3
	农业水土工程	2
	水资源经济学	2
	环境工程	2
	管理科学与工程	2
受教育程度	本科	5
	硕士	4
	博士	24
职称	副高级职称	8
	高级职称	25

专家对指标评分的判断依据和评价内容的熟悉程度决定了专家权威程度，本研究通过调查问卷就专家对指标评分的判断依据和评价内容的熟悉程度进行调查，根据专家对指标评分的判断依据调查结果得出判断系数（C_a），根据专家对评价内容的熟悉程度调查结果得出熟悉系数（C_s），最后计算得出专家权威系数（C_r）。

（1）判断系数

判断系数（C_a）计算公式如下：

$$C_a = \frac{\sum_{i=1}^{33} C_a(i)}{K} \tag{3-1}$$

$C_a(i)$ = 实践经验赋值 + 理论分析赋值 + 同行了解赋值 + 直观选择赋值

式中，i 代表不同专家；K 代表所有专家人数。

判断依据从实践经验、理论分析、同行了解、直观选择四方面，对大、中、小3个等级影响程度进行赋值，不同方面的大、中、小不同层次赋值见表3-8，专家对"国家水网工程管理体制"的判断依据调查表见表3-9。

表3-8 专家判断依据赋值表

判断依据	影响程度		
	大	中	小
实践经验	0.5	0.4	0.3
理论分析	0.3	0.2	0.1

续表

判断依据	影响程度		
	大	中	小
同行了解	0.1	0.1	0.1
直观选择	0.1	0.1	0.1

表3-9 专家对"国家水网工程管理体制"的判断依据人数调查表

判断依据	影响程度		
	大	中	小
实践经验	22	7	4
理论分析	16	15	2
同行了解	10	21	2
直观选择	7	17	9

(2) 熟悉系数

熟悉系数（C_s）计算公式如下：

$$C_s = \frac{\sum_{i=1}^{33} C_s(i)}{K} \tag{3-2}$$

$$C_s(i) = 评分赋值$$

式中，i 代表不同专家；K 代表所有专家人数。

熟悉程度按照非常熟悉（1.0）、很熟悉（0.9）、熟悉（0.8）、比较熟悉（0.7）、不太熟悉（0.1）的方式进行赋值，见表3-10，专家对"国家水网工程管理体制"的熟悉程度调查表见表3-11。

表3-10 专家熟悉程度赋值表

项目	熟悉程度				
	非常熟悉	很熟悉	熟悉	比较熟悉	不太熟悉
赋值	1.0	0.9	0.8	0.7	0

表3-11 专家对"国家水网工程管理体制"的熟悉程度调查表

项目	熟悉程度				
	非常熟悉	很熟悉	熟悉	比较熟悉	不太熟悉
人数	3	4	15	10	0

(3) 专家权威系数

专家权威系数（C_r）在 0~1，C_r 越大，说明专家的权威程度越高。一般认为，$C_r >$ 0.7 即表示专家权威程度较高。C_r 计算公式如下：

$$C_r = \frac{C_a + C_s}{2} \tag{3-3}$$

在专家对调查问卷进行填写后，回收问卷数据进行统计，由式（3-1）计算得到判断系数为 0.89，由式（3-2）计算得到熟悉系数为 0.8。由式（3-3）计算得到专家权威系数为 0.845。由专家权威系数可知，专家的权威程度很高。

3. 确定指标权重

本研究邀请专家评估"国家水网工程管理体制方案评价指标体系"中的每项指标设置的相关性（该指标与国家水网工程管理体制的相关程度）与重要性（该指标的重要程度），并对其进行相关程度的打分（分值为 1~5 分，5 分说明非常相关，4 分说明比较相关，3 分说明一般相关，2 分说明比较不相关，1 分说明不相关）；重要程度的打分（分值为 1~5 分，5 分说明非常重要，4 分说明比较重要，3 分说明一般重要，2 分说明比较不重要，1 分说明不重要）。每项指标相关性与重要性的最终得分取 33 位专家打分的平均值，每项指标相关性与重要性得分之和在所有指标相关性与重要性总得分中的占比为指标权重。指标最终得分情况与权重见表 3-12。

表 3-12 国家水网工程管理体制方案评价指标得分与权重统计表

序号	指标	相关性	重要性	合计	指标权重
1	有利于社会资本参与，拓宽项目投融资渠道	4.09	4.06	8.15	0.083
2	有利于政企分开	3.90	3.25	7.15	0.073
3	有利于市场运作	3.97	3.97	7.94	0.081
4	符合水利工程建设与管理体制改革相关规定	4.19	4.22	8.41	0.085
5	有利于控制工程建设成本	4.00	4.06	8.06	0.082
6	有利于降低项目运行费用	4.19	4.22	8.41	0.085
7	有利于控制项目管理风险	4.16	4.28	8.44	0.086
8	有利于协调各方利益、调动各方积极性	4.22	4.28	8.50	0.086
9	有利于保证工程调度的时效性	4.28	4.38	8.66	0.088
10	有利于工程公益性功能发挥	4.34	4.40	8.74	0.089
11	有利于与项目前期工作的衔接	3.90	4.03	7.93	0.081
12	有充足的法律法规依据与相关经验	3.94	4.03	7.97	0.081

4. 国家水网工程管理体制方案得分结果

邀请专家对国家水网工程管理体制方案在不同评价指标下的符合程度进行打分（分值为1~4分，完全符合为4分，比较符合为3分，一般符合为2分，不符合为1分）。各方案得分结果见表3-13。

表3-13 国家水网工程管理体制方案得分表

序号	指标	方案1	方案2	方案3	方案4
1	有利于社会资本参与，拓宽项目投融资渠道	2.41	2.34	2.69	2.50
2	有利于政企分开	2.63	2.41	2.63	2.44
3	有利于市场运作	2.47	2.34	2.50	2.16
4	符合水利工程建设与管理体制改革相关规定	2.69	2.50	2.63	2.34
5	有利于控制工程建设成本	2.59	2.50	2.84	2.50
6	有利于降低项目运行费用	2.47	2.50	2.84	2.69
7	有利于控制项目管理风险	2.63	2.59	2.78	2.75
8	有利于协调各方利益、调动各方积极性	2.75	2.63	2.75	2.44
9	有利于保证工程调度的时效性	2.56	2.38	2.69	2.75
10	有利于工程公益性功能发挥	2.78	2.66	2.75	2.53
11	有利于与项目前期工作的衔接	2.88	2.69	2.66	2.44
12	有充足的法律法规依据与相关经验	2.81	2.63	2.69	2.47

5. 综合评价

上述4个方案和12个指标的数据形成原始数据矩阵 X：

$$X = \begin{bmatrix} x_{11} & x_{12} & x_{13} & x_{14} \\ x_{21} & x_{22} & x_{23} & x_{24} \\ \vdots & \vdots & \vdots & \vdots \\ x_{121} & x_{122} & x_{123} & x_{124} \end{bmatrix} \quad (3-4)$$

根据综合评价的思路，建立评价模型：

$$S_j = \sum_{i=1}^{12} w_i x_{ij} \quad (3-5)$$

式中，S_j 为方案 j 的总分；w_i 为指标 i 的权重；x_{ij} 为方案 j 指标 i 的得分。

基于上面国家水网工程管理体制方案评价指标权重与国家水网工程管理体制方案得

分，根据综合评价模型计算的4个方案得分如表3-14所示。由表3-14可知，方案3为最优方案，方案1、方案2为次优方案。因此，初步推荐方案3，即把南水北调工程、三峡工程、丹江口水库合并管理，沿线相关水库由地方管理。

表 3-14 国家水网工程管理体制方案综合评价得分结果

项目	方案			
	1	2	3	4
得分	2.64	2.52	2.71	2.5

3.4 结果分析

根据SWOT分析法的分析结果，方案1统一调度、配置能力不足，难以满足国家水网工程的功能需求。方案2有利于实现南水北调工程与三峡工程统一配置与调度，可以有效提高我国目前水资源配置效率、节约集约利用能力，但从长远来看，依旧无法满足国家水网工程的功能需求。方案4属于理想化状态，实施难度最大，并且缺乏相关法律法规依据和经验。方案3为国家水网工程管理体制的最佳方案。根据专家综合评价法的结果，方案3综合得分最高，同样为最佳方案，即把南水北调工程、三峡工程、丹江口水库合并管理，沿线相关水库由地方管理。基于三大工程的体量、实际运行管理情况、当下我国的现实背景、方案的可行性，本研究认为可以借鉴以往我国大型国企的合并重组经验，将中国南水北调集团有限公司、汉江集团并入中国长江三峡集团有限公司，由中国长江三峡集团有限公司承接南水北调工程和丹江口水库的运行管理、配套工程建设以及南水北调西线后续工程的开发建设任务。

方案3选择将中国南水北调集团有限公司和汉江集团并入中国长江三峡集团有限公司，一是因为目前中国经济下行的压力，二是因为中国长江三峡集团有限公司有足够的实力来进行合并。21世纪以来中国一般公共预算收入增长率见图3-2，2012~2022年经济增长速度极为缓慢，2020年甚至出现收入增速逆增长的情况，因此若由中央政府出资组建新的集团公司进行合并工作十分困难。而中国长江三峡集团有限公司以开发长江为使命，多年来一直从事水资源的综合开发利用与运营管理。目前，中国长江三峡集团有限公司已经基本完成了长江开发的主要任务，营业收入连续多年稳步上升，2022年营业收入达1462.59亿元，利润总额超过425.28亿元（图3-3），未来拟建的南水北调西线一期工程需要投资1200多亿元，中国长江三峡集团有限公司有足够实力在运行管理好三峡工程及其他巨型水电站的同时承担南水北调工程和丹江口水库的后期建设与运营管理工作，同时，中国长江三峡集团有限公司的高额收入需要进行合理的投资，合并中国南水北调集团有限公司与汉江集团是一个双赢的决策。此外，中国政府明确规定每家中央企业只能有一个主营业务，主营业务相同的需要予以合并，另外，中国政府倡导由国务院国有资产监督管理委员会管理的央企进行合并工作，当前由国务院国有资产监督管理委员会管理的央企已经由 2003 年的 196 家重组合并为现在的 97 家，合并工作符合中国当下的趋势。

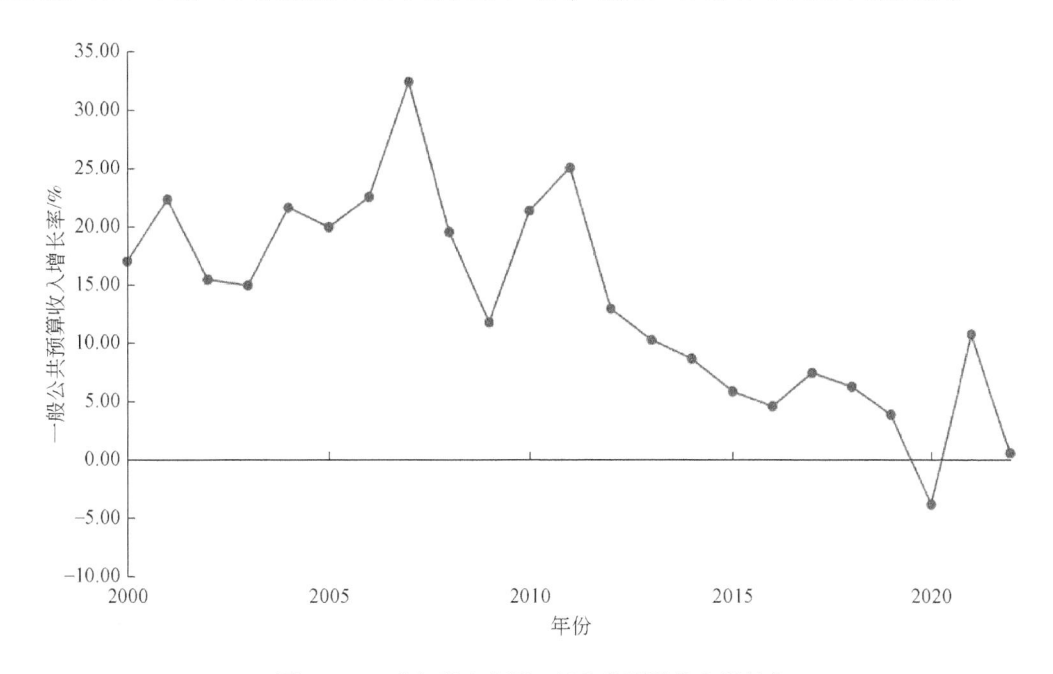

图 3-2 21 世纪以来中国一般公共预算收入增长率

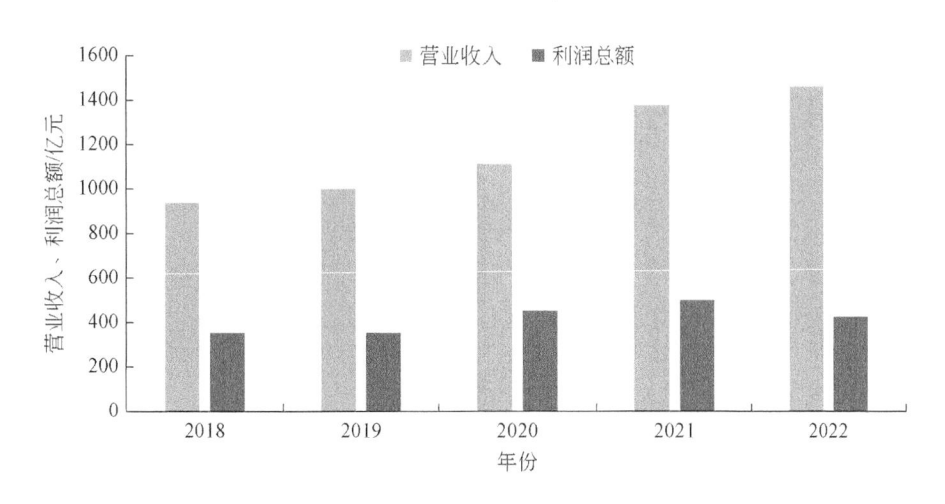

图 3-3 中国长江三峡集团有限公司历年营业收入与利润总额

方案 3 选择将丹江口水库与南水北调工程和三峡工程合并管理，是由于丹江口水库极为重要的功能与特殊的现实背景。丹江口水库 1974 年建成，具有防洪、发电、灌溉、航运等多种效益，公益性功能极为突出。因此，在中国 1998 年进行政企分开改革时，考虑到丹江口水库对汉江流域、长江流域防洪的重要作用，国务院明确丹江口水库交由水利部负责管理，按照政企分开的原则，由水利部长江水利委员会所属企业汉江集团负责运行管理。但目前来看，在中国大力建设国家水网的背景下，南水北调东中线已经实现统筹管理，原国务院南水北调工程建设委员会办公室已经并入水利部，南水北调后续引江补汉工程正在建设中，未来会从三峡水库向汉江调水，用长江水补充汉江水，因此丹江口水库将从起点水源工程变成控制性节点工程。此外，目前中国正在建立数字孪生水利体系，构建水-雨-晴 3 道防线，防洪预见期大幅缩短，所以丹江口水库防洪保障能力大大提高。中国出台了《中华人民共和国长江保护法》，对水库群统一调度做出了明确规定，目前调度效果非常好。因此，将丹江口水库交由国务院国有资产监督管理委员会所属企业中国长江三峡集团有限公司统一管理符合当前中国国家水网建设的时代背景与现实要求。

方案 3 选择不对地方性水利工程进行合并管理，有其现实原因。南水北调东中线一期工程资金筹措方案见表 3-15。目前，已经明确南水北调工程基金作为地方资本金，中央预算内投资作为中央资本金。南水北调工程基金由南水北调受益省（自治区、直辖市）筹集。国家重大水利工程建设基金是中国为支持南水北调工程建设、解决三峡工程后续问题以及加强中西部地区重大水利工程建设而设立的政府性基金，南水北调东中线工程使用数额高达 1014.9 亿元，其实际是由南水北调工程受益省（自治区、直辖市）共同筹集的，也就是其出资人为地方政府，本该和南水北调工程基金一样作为地方资本金。但《国家重大水利工程建设基金征收使用管理暂行办法》规定"重大水利基金用于南水北调工程建设，暂作为中央资本金管理"。这表明本该作为地方资本金的国家重大水利工程建设基金暂时归中央所有，目前作为中央政府 100% 控股的中国南水北调集团有限公司资本金，这在很大程度上影响了地方政府执行方案 4 的积极性，所以合并地方水利工程存在很大难度。

表 3-15　南水北调东中线一期工程资金筹措方案

工程分类	总投资/亿元	中央预算内资金/亿元	银行贷款/亿元	南水北调工程基金/亿元	国家重大水利工程建设基金/亿元
东线工程	342.0	59.4	80.9	39.8	161.9
中线工程	1753.0	312.6	407.2	180.2	853.0
合计	2095.0	372.0	488.1	220.0	1014.9
比例/%	100	17.8	23.3	10.5	48.4

综合上面分析结果，SWOT 分析法和专家综合评价法的分析结果均表明方案 3 为最佳方案，中国长江三峡集团有限公司有着高额的年营业收入与利润，完全具有合并南水北调

工程和丹江口水库的实力。丹江口水库正经历着由起点水源工程到控制性节点工程的角色转化，基于当前中国的水网建设背景与集中统一管理的现实要求，将丹江口水库交由中国长江三峡集团有限公司进行管理是一个合理的决策。由于地方政府积极性不高，地方水利工程合并管理难度大，因此地方水利工程继续由地方政府管理有利于各方利益协调。

针对具体的运行管理模式，提出如下建议。

一是市场化运作、商业化运营和管理模式的确立。水既是公共产品，又具有商品属性。习近平总书记在关于"节水优先、空间均衡、系统治理、两手发力"治水思路中强调要充分发挥市场和政府的作用。若通过市场化方式组织，可以避免政企不分、政资不分，有利于提高管理效率，降低工程建设成本，提升运行水平。三峡工程是国家注入资本金的巨型水利工程，从一开始就采用公司化方式运作，以市场化方式运作发电等生产经营业务，并以体制机制确保防洪、航运、生态补水等公益性目标，取得了良好的经济效益和社会效益。可以将中国长江三峡集团有限公司的运作经验与水资源综合运用能力复制到南水北调工程和丹江口水库的运行管理上。市场化经营有利于在水的生产与消费中发挥市场的主导作用，促进节约用水，实现水资源高效利用。

二是确保工程长期稳定运行和滚动开发机制的建立。南水北调工程规模宏大，工程技术要求高，各方关系复杂，管理协调难度大。在运营方面，有长江下游用水与南水北调在水资源分配上的矛盾，有改变受水地区过去粗放用水方式、控制地下水开采、新水老水置换等诸多问题，水量使用、水价机制及水费回收还需要进一步研究落实。在建设方面，未来的西线工程投资需求巨大，水质保护、堤岸整治、生态环保等也需要长期大规模投入，继续全部依赖国家投资不符合国家未来市场化改革方向。可以将中国长江三峡集团有限公司滚动开发重大工程的经验复制到南水北调工程和丹江口水库，若由中国长江三峡集团有限公司统筹南水北调工程和丹江口水库的运行管理，初期可以通过"以电养水"保障平稳运行，中长期可通过市场化方式筹集建设资金，建立长效机制，实现南水北调工程良性滚动开发与运营。

3.5 机构设置

3.5.1 机构设置框架

根据国家水网工程管理体制方案3，组建国家水网运行机构，各方职责如下。

国务院国有资产监督管理委员会承担三峡工程、南水北调工程、丹江口水库的中央资产监督管理职责。

地方政府有关部门参与南水北调工程等国家水网重大工程决策与管理，负责地方配套工程的行政管理与资产管理。

国家水网运行机构统筹负责三峡工程、南水北调工程、丹江口水库以及其他国家水网工程的运行管理与维护。

地方配套工程管理单位负责各自境内工程的运行管理与维护。

3.5.2 机构组建方案

1）机构性质。由国务院国有资产监督管理委员会牵头，会同水利部等国家有关部门以及相关地方省级人民政府，按照政企分开、政事分开的原则和建立现代企业制度的要求，组建国家水网运行机构。

2）资产管理。由国务院国有资产监督管理委员会履行中央投资或资产的出资人职责。按照中央绝对控股的原则，合理划分中央和地方的股权比例。

3）运行管理。由国务院国有资产监督管理委员会牵头，会同水利部与相关省级人民政府，依托中国长江三峡集团有限公司、中国南水北调集团有限公司、汉江集团等，组建国家水网运行机构。

3.6 小　　结

本章针对关键指标管理体制合理性，基于制度变迁理论，进行国家水网工程管理体制合理性研究，基于SWOT分析法和专家综合评价法，从定性、定量两方面对方案进行综合比选，综合评判后提出最终推荐方案。结果表明，方案3为国家水网工程管理体制的最佳方案，即把南水北调工程、三峡工程、丹江口水库合并管理，沿线相关水库由地方管理，并为后续实施和机构设置提出了可行性建议。

第4章 工程管理体系智能化评估方法

4.1 智慧评价的理论基础

为了实现跨流域调水工程可持续发展，需要对多目标进行优化协调，全面论证受水区需水规模，综合考虑自然和人为的不确定性因素，分析给水区和受水区的水资源承载能力，调水工程建设涉及因素众多、影响范围广泛、利益群体复杂，不仅需要自然科学诸多学科的支撑，还需要社会科学诸多领域的指导，在规划、设计、建设和运行管理等方面存在诸多挑战。为了对调水工程的智慧管理体进行综合评价，本研究立足引黄济青工程的特点，进行文献调研，借鉴智慧管理体评价的成果和思路，分析研究出智慧管理体评价的方向、路径。本研究收集并梳理智慧企业、智慧城市、智慧水利、水利工程管理考核的各项指标，从而将指标所涉及的内容进行融合分析，作为智慧管理体评价体系构建的基础。

4.1.1 智能制造评价

党的十八大报告中，突出强调了信息化在经济发展中的重要战略地位，将其作为完善社会主义市场经济体制和转变经济发展方式的主要道路和主要发展方式。在此背景下，抢抓新一轮工业革命的新机遇，实现加工制造的智能智慧转变，以及促进工业经济转型升级和创新发展有着重要的意义。引调水工程为了提高服务质量、产品质量，将智能制造的标准作为工程运行管理的标准，对于提升调水工程的智慧化管理具有重要的意义和价值。

1. 智能制造的评价指标体系

智能制造是利用智能科学的理论、技术、方法和云计算、物联网、移动互联、大数据、自动化、智能化等技术手段，实现工业产品研发设计、生产制造过程与机械装备、经营管理、决策和服务等全流程、全生命周期的网络化、智能化、绿色化，各种工业资源与信息资源整合和优化利用，实现信息流、资金流、物流、业务工作流的高度集成与融合的现代工业体系。智能制造是中国"工业4.0"，是中国新型工业化的发展方向。智能制造是一个长期发展和推进的过程，政府、行业、企业为分析判断智能制造发展现状、水平，制定规划及发展战略，需要智能制造评价指标及评估方法，为各级政府及行业主管部门提供一个指导、考评本地区行业智能制造发展水平的工具，为企业制定智能制造发展规划提供依据。

智能制造企业按生产流程特点有离散型（如机械、电子工业）、流程型（如石油、化工）、混合型（如冶金、轻纺工业）3种类型，智能制造企业的评价指标由3个一级指标、11个二级指标及33个三级指标构成。

总结国内外智能制造企业经验，制定每个单项指标的评价评分标准，将评价标准、评估级别分优、良、好、中、差五级；覆盖率分86%~100%、76%~85%、61%~75%、41%~60%、0~40%五级；评分采用百分制，分五级，依次为86~100分、76~85分、61~75分、41~60分、0~40分。

智能制造企业评价指标体系见表4-1。

表4-1　智能制造企业评价指标体系

一级指标		二级指标		三级指标	
指标名称	权重	指标名称	权重	指标名称	权重
1. 智能制造企业生态环境	0.30	网络基础设施	0.06	信息技术设备装备率	1/3
				企业物联网覆盖率	1/3
				数据、软件平台覆盖率	1/3
		供应链、产业链的适应性	0.06	产业链合作伙伴人均产值	1/3
				产业链企业信息系统集成水平	1/3
				供应链上下游企业协同度	1/3
		人文环境企业文化先进性	0.06	信息文化建设内涵先进性	1/4
				信息文化教育覆盖率	1/4
				网民占职工总数的比例	1/4
				大学生、专业人员占职工总数的比例	1/4
		领导力、能力、执行力	0.07	领导认知度、决策能力	1/4
				资源整合能力、管理创新力	1/4
				规划、政策执行力	1/4
				年均信息化、智能化投入	1/4
		职工智慧教育、智慧职工普及率	0.05	职工智慧教育培训覆盖率	1/2
				智慧职工普及率	1/2
2. 智能制造企业建设水平	0.50	智能技术在制造关键业务的普及率、覆盖率	0.20	产品数控化、智能化率	1/4
				智能技术在研发设计应用覆盖率	1/4
				生产过程智能控制的普及率	1/4
				智能机器装备应用的覆盖率	1/4

续表

一级指标		二级指标		三级指标	
2. 智能制造企业建设水平	0.50	经营管理智能化水平	0.08	经营管理智能化的普及率	1/2
				经营管理智能化的覆盖率	1/2
		信息资源开发利用水平	0.14	数据中心规模、数据库、模型库、方法库数量	1/2
				商务智能化应用普及率、覆盖率	1/2
		客户服务智能化水平	0.08	客户智慧服务普及率	1/2
				客户智慧服务覆盖率	1/2
3. 智慧企业效益	0.20	经济效益	0.10	企业人均产值增加率	1/4
				企业平均劳动生产率提升率	1/4
				节能减排、能耗、物耗降低率	1/4
				智能制造企业投资回报率	1/4
		社会效益	0.10	企业生态、生活环境的贡献率	1/3
				对行业、地区创新能力及竞争力提升的贡献率	1/3
				职工满意度、幸福指数提升率	1/3

2. 新加坡智能工业成熟度指数

智能工业成熟度指数参考 RAMI 4.0 框架，经过 21 位学术和行业专家组成的咨询小组验证。在新加坡政府机构大力支持下，为达到兼顾技术严谨性及实用性的目标，该指数将会在新加坡中小型企业及跨国企业进行试点并积极推行。

智能工业成熟度指数由 3 个层面组成。顶层是"工业 4.0"的 3 个基本构件组成部分——过程、技术和组织。下层 8 个重要指标支撑着这些构建基块，8 个指标再映射到 16 个评估维度上，代表了组织必须考量的关键项目。智能工业成熟度指数各项指标见图 4-1。

图 4-1 智能工业成熟度指数各项指标

3. 国家智能制造标准体系

由《国家智能制造标准体系建设指南》（2018 年版）可知，智能制造的智能管理标准、智能服务标准以及智能制造系统架构。智能制造系统架构分为 3 个维度，其中，生命周期维度包括设计、生产、物流、销售、服务等模块，系统层级包括设备、单元、车间、企业、协同模块，智能特征包括资源要素、互联互通、融合共享、系统集成和新兴业态等模块。该架构能够辅助构建智慧管理体评价体系的智能管理标准和智能服务标准。

(1) 智能管理标准

智能管理标准用于规定企业生产经营中采购、销售、能源、工厂安全、环保和健康等方面的知识模型和管理要求等，指导智能管理系统的设计与开发，确保管理过程的规范化和精益化。智能管理标准包括供货商评价、质量检验分析等采购管理标准；销售预测、客户关系管理、个性化客户服务等销售管理标准；设备可靠性管理等资产管理标准；能流管理、能效评估等能源管理标准；作业过程管控、应急管理、危化品管理等安全管理标准；职业病危害因素监测、职业危害项目指标等健康管理标准；环保实时监测和预测预警能力描述、环保闭环管理等环保管理标准；基于模型的企业战略、生产组织与服务保障等业务执行力（BE）标准。

(2) 智能服务标准

智能服务标准用于实现产品与服务的融合、分散化制造资源的有机整合和各自核心竞争力的高度协同，解决了综合利用企业内部和外部的各类资源，提供各类规范、可靠的新型服务的问题。智能服务标准主要包括大规模个性化定制、运维服务和网络协同制造三部分。

《国家智能制造标准体系建设指南》（2021 版）新增了评价标准、人员能力标准，修订了智能管理标准。

(3) 评价标准

评价标准主要包括指标体系、能力成熟度、评价方法、实施指南 4 个标准。指标体系标准用于智能制造实施的绩效与结果的评估，促进企业不断提升智能制造水平。能力成熟度标准用于为企业识别智能制造现状、规划智能制造框架与提升智能制造能力水平提供过程方法论，为企业识别差距、确立目标、实施改进措施提供参考。评价方法标准用于为相关方提供一致的方法和依据，规范评价过程，指导相关方开展智能制造评价。实施指南标准用于指导企业提升制造能力，为企业开展智能化建设、提高生产力提供参考。

(4) 人员能力标准

人员能力标准主要包括智能制造从业人员能力要求、能力评价两部分。智能制造从业人员能力要求标准用于规范从业人员能力管理，明确职业分类、能力等级、知识储备、技术能力和实践经验等要求，包括能力要求和人员能力培养等标准。智能制造能力评价标准用于规范不同职业类别人员的能力等级，指导评价智能制造从业人员能力水平，包括从业人员评价、评估师评价等标准。

（5）智能管理标准

智能管理标准主要包括原材料、辅料等质量检验分析等采购管理标准；销售预测、客户服务管理等销售管理标准；设备健康与可靠性管理、知识管理等资产管理标准；能流管理、能效评估等能源管理标准；作业过程管控、应急管理、危化品管理等安全管理标准；环保实时监测、预测预警等环保管理标准。

4. 智能制造能力成熟度评估方法

工业和信息化部发布了《智能制造能力成熟度评估方法》（GB/T 39117—2020）。《智能制造能力成熟度评估方法》能够用于制造企业、智能制造系统解决方案供应商与第三方开展智能制造能力成熟度评估活动。评估的内容包括人员、技术、资源和制造 4 个能力要素的内容，分为流程型制造企业评估域和离散型制造企业评估域，分别见表 4-2 和表 4-3。规定的评估流程包括预评估、正式评估、发布现场评估结果和改进提升。上述评估方法说明了成熟度等级判定的方法为评分法，给定了基于企业的特点，确定了评估的能力要素、能力域、能力子域及其权重，给出了得分的计算方法。在基于上述方法计算得到得分后，可基于标准规定的成熟度等级判定方法，基于得分确定成熟度的等级。

表 4-2　流程型制造企业评估域

要素	能力域	评估域
人员	组织战略	组织战略
	人员技能	人员技能
技术	数据	数据
	集成	集成
	信息安全	信息安全
资源	装备	装备
	网络	网络
制造	设计	工艺设计
	生产	采购
		计划与调度
		生产作业
		设备管理
		仓储配送
		安全环保
		能源管理

续表

要素	能力域	评估域
制造	物流	物流
	销售	销售
	服务	客户服务

表 4-3 离散型制造企业评估域

要素	能力域	评估域
人员	组织战略	组织战略
	人员技能	人员技能
技术	数据	数据
	集成	集成
	信息安全	信息安全
资源	装备	装备
	网络	网络
制造	设计	工艺设计
		产品设计
	生产	采购
		计划与调度
		生产作业
		设备管理
		仓储配送
		安全环保
		能源管理
	物流	物流
	销售	销售
	服务	客户服务
		产品服务

流程型制造企业评估域和离散型制造企业评估域的确定对于调水工程的智慧化管理评估要素的确定具有明确的借鉴意义。

4.1.2 智慧城市评价标准

随着城市化水平的不断提高，城市化带来的问题持续制约着城市的发展。在此背景下，智慧城市的概念应运而生。智慧城市是指利用物联网、云计算等新一代信息技术实现城市的数字化空间与实体空间相融合，构建人民生活便捷、社会治理精准、社会绿色发展、城乡一体化、网络安全可控的智慧城市。

水利设施建设与管理是智慧城市的一部分，国家重视智慧城市的建设，已经开展全面部署工作，所以本研究分析了智慧城市的框架、要求、技术标准。

1. 总体框架

基于《国家标准委 中央网信办 国家发展改革委关于开展智慧城市标准体系和评价指标体系建设及应用实施的指导意见》（国标委工二联〔2015〕64 号），按照《智慧城市评价指标体系总体框架（试行稿）》及《智慧城市评价指标体系分项评价指标制定的总体要求（试行稿）》，对智慧城市评价指标的构建原则、分项设立要求和指标体系的构建进行系统分析。

(1) 智慧城市评价指标体系构建原则

人本性：智慧城市的评价指标体系应强调以人为本，从城市主体——人的需求和感受出发，评价民生服务的便捷化、公共治理的精准化、生活环境的宜居化和基础设施的智能化水平，从而反映智慧城市的总体目标和方向。

科学性：智慧城市评价指标体系设立应将理论与实际情况相结合，反映出智慧城市中最主要、最本质与最有代表性的元素。指标体现市民、企业等用户的主观感受，应尽量创新评价方法和技术角度，以能获取有关数据为导向，尽量避免非科学性和非合理性的因素。

系统性：智慧城市评价指标体系要系统全面，从多角度、多层次描述智慧城市发展程度。各指标之间具有逻辑关系，从不同的侧面反映出生态、经济、社会子系统的主要特征和状态，反映生态-经济-社会系统之间的内在联系。每个子系统由一组指标构成，各指标之间既相互独立，又彼此联系，共同构成有机整体。指标体系的构建具有层次性，自上而下，从宏观到微观层层深入，形成不可分割的评价体系。

可操作性：智慧城市的评价指标体系应具有广泛代表性，方便操作，智慧城市的评价指标体系要与我国的社会背景、物质基础以及人们的思想意识与文化相适应，易实践推广。

可扩展性：智慧城市的评价指标体系应是开放的和可扩展的。原有其他领域内的评价指标与方法技术可以融合到智慧城市的评价指标体系中。同时，智慧城市的评价指标体系与评价技术也可以向其他领域或评价对象开放，在公开的使用环境中不断地成熟与完善。

(2) 智慧城市评价指标体系分项设立原则

除了满足《智慧城市评价指标体系总体框架（试行稿）》所规定的人本性、科学性、系统性、可操作性、可扩展性原则，智慧城市评价指标体系的分项设立还应重点满足以下原则。

导向性：分项评价指标的设计要突出智慧城市的本质和特征，注重智慧城市建设的质量与成效，能够充分发挥对智慧城市可持续发展的引导作用。

代表性：分项评价指标应体现本领域特点和《国家标准委 中央网信办 国家发展改革委关于开展智慧城市标准体系和评价指标体系建设及应用实施的指导意见》中规定的领域相关要求，并且应具有典型性和代表性。

规范性：应在《智慧城市评价指标体系总体框架（试行稿）》基础上，根据第 3 章规定的设立要求，制定分项评价指标。

（3）分项指标设立要求

智慧城市评价指标体系各分项应由能力类指标和成效类指标组成，共包含两个级别的指标，具体要求如下。

1）指标体系组成。

A. 一级指标

参照《智慧城市评价指标体系总体框架（试行稿）》中智慧城市指标体系总体框架中的一级指标组成及说明，各分项应从总体框架的 9 项一级指标中筛选部分一级指标作为分项的一级指标。

一级指标名称可做适当修改，体现分领域特征。例如，总体框架中的一级指标"公共服务"，在智慧医疗领域可采用"医疗服务"作为该领域相应的一级指标。

B. 二级指标

在分项评价指标体系的各个一级指标下，参考《智慧城市评价指标体系总体框架（试行稿）》中智慧城市指标体系总体框架中的二级指标评价要素及说明，结合领域特征，设立若干二级指标。

二级指标作为具体操作中相关定性或定量的指标项，用于进行数据采集和开展评价工作。建议二级指标以定量指标为主、以定性指标为辅，并且数量不宜过多。

二级指标可分为核心指标、扩展指标。核心指标是智慧城市分领域建设必须完成的指标，每个一级指标下原则上不超过 5 项二级核心指标；扩展指标是体现智慧城市分领域建设效果的其他指标（如探索性、创新性等），作为可选项，建议每个一级指标下不超过 15 个二级扩展指标。

2）指标选取要求。

选取分项评价指标时，应遵循指标设立原则，并充分考虑该指标是否能体现我国智慧城市发展特征及是否适用于该领域目前发展阶段特征。此外，分项评价指标选取应满足以下四点要求。

A. 具有明确的数据来源

选取分项评价指标时，要充分考虑数据采集的科学性和便利度，设立分项评价指标体系时应同时给出每个二级指标所能采用的数据来源。可能的数据来源包括权威的统计数据、调查问卷、实地考察、委托第三方采集、互联网等。

B. 确保指标之间相互独立

选取分项评价指标时，要尽量避免指标相互之间具有重复性或其他关联。

对于具有重复性、关联性的多个指标，应进行适当筛选或合并。如果确实需要同时存在两个以上具有关联性的指标，相关指标的说明中应对这种关联进行说明。

C. 开展指标的验证与意见征集工作

选取分项评价指标时，应开展充分的调研与意见征集工作。应选择不同类型城市对指标进行验证，并向该领域的建设与管理相关方以及专家征求意见和建议，对选取的指标逐步进行补充和优化，最终形成一套完整的分项评价指标体系。

D. 提供相应的指标权重

选取分项评价指标时，要提供每个二级指标在分项评价指标体系中所占的权重。权重大小代表某个二级指标对于分项评价整体的影响度大小，所有二级指标的权重累计和为1。

2. 智慧城市评价指标体系国家标准

《新型智慧城市评价指标》（GB/T 33356—2022）规定了智慧城市评价指标体系的总体框架、一级指标、二级指标评价要素及分项评价指标的设立原则、设立要求和描述要求。

总体框架共包含9个一级指标、38个二级指标。智慧城市评价指标体系涉及能力类指标、成效类指标。能力类指标和成效类指标所涉及的各个方面均作为一级指标。每个一级指标下包含若干二级指标，每个二级指标评价要素代表对一级指标某个侧重面的考量依据，见图4-2、表4-4。

能力类指标是指对智慧城市建设运营的基础能力评价指标，即城市运用各种资源建设运营智慧城市的基本能力评价指标。能力类指标可用于评价城市运用物联网、云计算、大数据、空间地理信息集成等新一代信息技术，进行城市规划、建设和提升城市管理、服务水平的一系列定性和定量的要素，包括信息资源开放、信息资源共享、信息资源开发利用、网络安全管理、技术研发与创新及组织管理机制等。在智慧城市评价指标体系总体框架中，能力类的一级指标包括信息资源、网络安全、创新能力及机制保障四方面。

成效类指标是指智慧城市的建设运营效果的评价指标，即城市各应用领域智慧化建设运营的成效评价指标。成效类指标可用于评价城市居民、企业及政府管理者本身所感受到的智慧城市建设带来的便捷性、宜居性、舒适性、安全感、幸福感等相关的一系列定性或定量的要素项，包括基础设施、公共服务、社会管理、生态宜居、产业体系等。

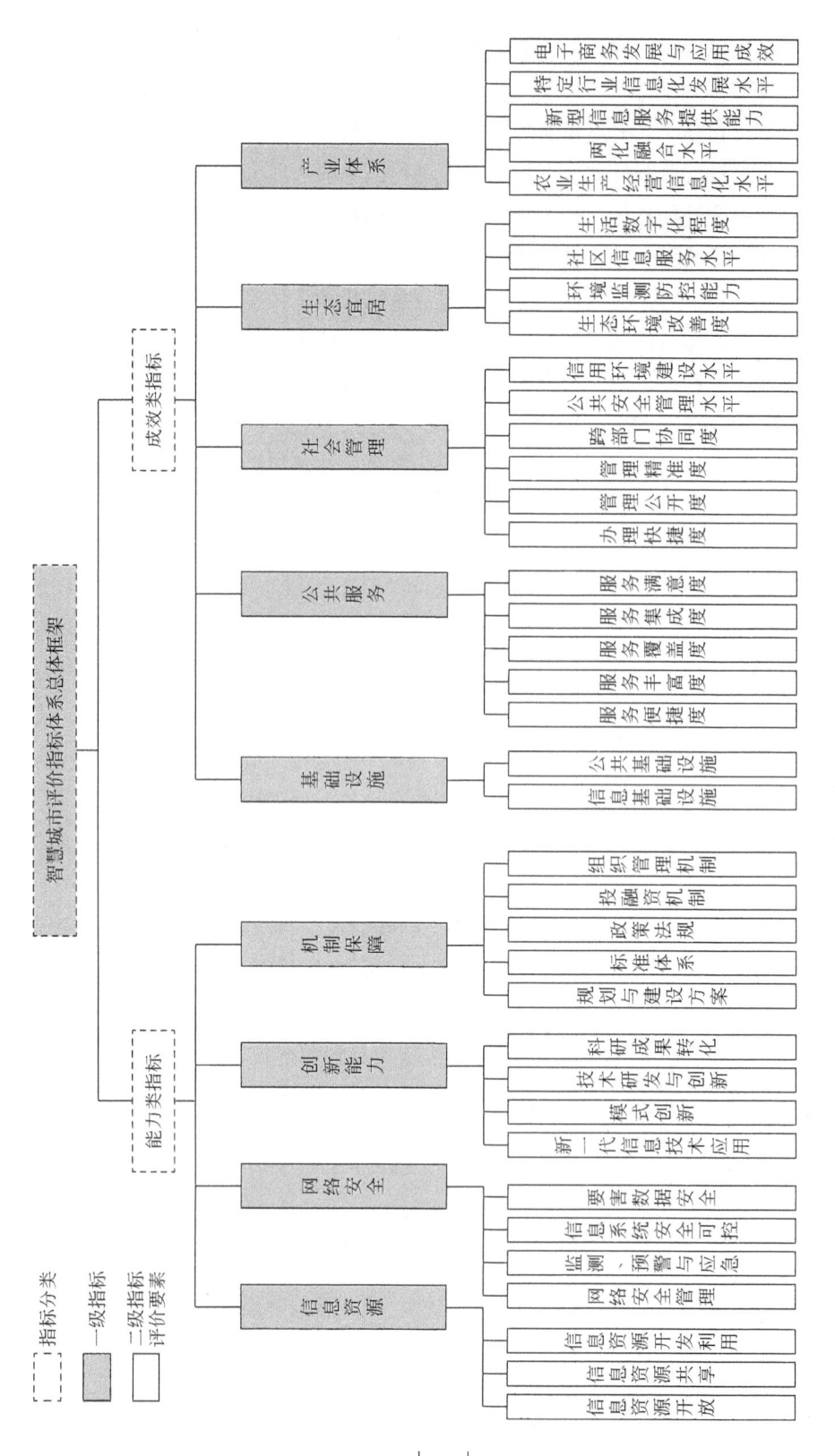

图4-2 智慧城市评价指标体系总体框架

表 4-4　智慧城市评价指标体系总体框架

大类	一级指标	二级指标评价要素	二级指标评价要素说明
能力类	信息资源	信息资源开放	城市基础政务信息资源、社会信息资源及其他信息资源向社会开放的范围和水平
		信息资源共享	城市跨部门、跨层级信息共享机构构建情况、健全程度和应用成效，以及城市公共信息平台、信息资源共享交换平台等平台和应用体系的建设水平
		信息资源开发利用	社会机构或个人利用政府所开放的信息资源提供新型信息服务的水平
	网络安全	网络安全管理	网络安全管理机制的健全性，以及政府、金融、能源、交通、电信、公共安全、公用事业等重要信息系统设计、实施、运行全流程的网络安全保障水平
		监测、预警与应急	网络管理、态势监测和预警、应急处理和信任服务等方面的能力和水平
		信息系统安全可控	政府、金融、能源、交通、电信、公共安全、公用事业等重要信息系统和涉密信息系统、关键信息基础设施的安全防护水平
		要害数据安全	重要信息使用管理和安全评价机制的健全性，以及个人信息保护水平
	创新能力	新一代信息技术应用	物联网、云计算、大数据等新一代信息技术在城市各行业、领域的应用范围和水平
		模式创新	城市运营、管理、投融资与服务等模式的创新水平以及实践效果
		技术研发与创新	城市新技术研发能力与技术创新体系水平
		科研成果转化	城市在智慧城市建设过程中相关科研技术攻关成果的转化应用程度
	机制保障	规划与建设方案	城市智慧城市规划与建设方案的完善性，以及方案与城市其他规划的衔接性
		标准体系	城市实施国家智慧城市标准体系的情况，以及制定、推广智慧城市关键标准的水平
		政策法规	城市所制定的促进智慧城市建设的配套政策和法规的健全性
		投融资机制	城市所建立的智慧城市建设市场化投融资机制的完善性及应用水平
		组织管理机制	城市所制定的智慧城市建设配套组织管理机制和管理办法的健全性
成效类	基础设施	信息基础设施	构建城乡一体的宽带网络的情况，推进下一代互联网和广播电视网建设及三网融合的应用推广水平
		公共基础设施	城市能源、交通等公共基础设施通过采用信息技术手段达到的智能化管理与服务水平
	公共服务	服务便捷度	城市居民、企业能够通过多渠道、多方式快速获得和使用城市各类公共服务的程度
		服务丰富度	城市居民、企业能够获得的城市各类公共服务的类别、形态和内容的多样化程度
		服务覆盖度	城市各类公共服务所能被城市居民、企业访问和使用的范围
		服务集成度	城市居民、企业所需的城市重要公共服务或城市各类应用的整合程度

续表

大类	一级指标	二级指标评价要素	二级指标评价要素说明
成效类	公共服务	服务满意度	针对城市公共服务能满足其个性化、定制化需求以及价格合理性、使用便捷性的程度，城市居民、企业的满意程度
	社会管理	办理快捷度	城市居民、企业以及城市管理者感受到的城市社会管理各项事务办理周期缩短的水平以及办理手段的便捷程度
		管理公开度	城市居民、企业以及城市管理者感受到的城市政府管理机制、流程、状态的开放、透明程度
		管理精准度	城市居民、企业以及城市管理者感受到的城市管理内容和管理手段的精细化程度以及解决问题的科学性和针对性
		跨部门协同度	城市居民、企业以及城市管理者感受到的城市通过采用信息化手段，提升城市政府部门间跨部门协作能力的水平
		公共安全管理水平	城市社会治安防控体系、城乡公共安全保障体系以及城市应急保障体系建设水平及应用效果
		信用环境建设水平	城市信贷、纳税、履约、产品质量、参保缴费和违法违纪等信用记录管理水平
	生态宜居	生态环境改善度	城市生态环境的宜居水平和改善成效
		环境监测防控能力	城市环境信息智能分析系统、预警应急系统和环境质量管理公共服务系统建设水平和应用成效
		社区信息服务水平	城市社区居民获取家政、养老、社区照料和病患陪护等综合信息服务水平
		生活数字化程度	城市家庭获取医疗、教育、安防、政务等社会公共服务设施和服务资源的便捷性和服务质量水平
	产业体系	农业生产经营信息化水平	城市物流配送体系和城市消费需求与农产品供给紧密衔接的新型农业生产经营体系建设水平
		两化融合水平	大型工业企业深化信息技术的综合集成应用水平、中小企业公共信息服务平台建设水平以及工业互联网新兴业态的应用水平
		新型信息服务提供能力	基于物联网、云计算、大数据等新一代信息技术，为城市居民、企业和政府管理者提供方便、实用的生活服务和知识加工型服务的信息服务企业发展水平，以及新型信息服务产业的数量、规模、效益等
		特定行业信息化发展水平	旅游、交通等特定行业的基础数据库、信息服务平台、服务体系的建设水平
		电子商务发展与应用成效	城市利用电子商务促进各领域应用和发展的水平

智慧城市评价指标体系分项评价指标设立原则、一级指标、二级指标、指标选取要求与前期的内容类似，而指标权重的确定提出分项评价指标权重应具有合理性和科学性，可反映出不同城市分领域智慧化建设的水平。评价指标权重的设置可以采用专家咨询法、层

次分析法、模糊综合评价法等方法。

现有的智慧城市评价指标体系存在以下问题。

1) 目前智慧城市评价指标体系所采用的指标大部分是较为通用的衡量城市信息化水平、经济发展水平的指标，与智慧城市结合力度低，并不能全面反映智慧城市的内涵。

2) 建设智慧城市是一个长期且庞大的工程，投入产出和绩效评价都是必不可少的部分，现有的指标体系普遍重视对投入产出的衡量，尤其是国内的指标体系，如无线网络建设、固定资产投资额、研究与试验发展（R&D）经费支出等指标，缺少对投入之后带来效益的评价。因此，在制定智慧城市评价指标体系的过程中应以效益为导向，平衡投入产出和效益类指标，以便衡量城市智慧化建设的效果。

3) "政-企-人"结合发展是现阶段社会发展的新形势，政府、企业与居民更是智慧城市建设的重要组成部分，除了新型智慧城市评价指标体系3.0，其他指标体系都没有设立对智慧企业的评价指标，对智慧政府、智慧居民虽然设立了相关评价指标，但对其重视程度不够，特别是对居民主观感知的评估不足。

4) 缺乏体现城市特色的评估指标。欧盟和国际商业机器公司（IBM）的指标体系作为非政府层面的评估体系，目的在于对多个城市进行统一评价，而忽略了城市各自的特点；浦东、南京等指标体系虽是以自身为对象来构建的但并没有融入城市特色，故在以后的智慧城市评价指标体系构建中，可以借鉴新型指标体系设立自选评价指标，以评估城市特色建设。

4.1.3 智慧水利

目前我国水安全呈现出水资源短缺、水生态损害、水环境污染等新问题与水旱灾害老问题相互交织的严峻形势。迫切需要融合现代信息技术、建设智慧管理实体、建设智慧社会对象，构建智慧水利体系。从而服务水行政管理和水工程管理两类主体，分为工程安全运行、水量科学调度、业务高效管理、应急快速处置和公众主动服务五类服务。为了加强智慧水利顶层设计，在水利业务需求分析的基础上，《水利部关于印发加快推进智慧水利的指导意见和智慧水利总体方案的通知》（水信息〔2019〕220号）提出了智慧水利建设标准和评价标准。

智慧水利的标准是在智慧城市的标准下设定的，智慧水利是水利高质量发展的显著标志，是运用大数据、人工智能、物联网、云计算、移动互联等新一代信息技术，基于自然水系、水利工程体系和水利管理体系，智慧地将适量适质的水适时送到适合的地方，为实现长久水安澜、优质水资源、宜居水环境、健康水生态提供支撑。

在《水利工程管理考核办法》的框架下，根据智慧水利的总体架构和技术特点，制定智慧水利标准体系。

智慧水利建设标准。结合智慧水利的感知对象、业务特点和服务模式，加强水利工程设施智慧化改造与建设标准制定，构建适度超前的、体现东中西部差别化的智慧水利建设标准，修订完善水利数据资源共享、水利业务应用协同等方面的标准。

智慧水利评价标准。参考《国家标准委 中央网信办 国家发展改革委关于开展智慧城市标准体系和评价指标体系建设及应用实施的指导意见》的附件——《智慧城市评价指标体系总体框架（试行稿）》《智慧城市评价指标体系分项制定的总体要求（试行稿）》，对智慧水利的应用及影响因素进行分析，按照系统性、科学性和可行性的原则，考虑"能力、应用、成效"等方面，建立智慧水利评价指标体系，指导和促进水利部门的智慧应用与建设。

4.1.4 水利工程管理考核

为加强水利工程管理，科学评价工程管理水平，保障工程安全、充分发挥工程效益，根据《中华人民共和国水法》《中华人民共和国防洪法》《中华人民共和国河道管理条例》《水库大坝安全管理条例》等法律法规和有关规定，制定了《水利工程管理考核办法》，其第三条规定"本办法适用的水利工程是指：大中型水库、水闸、泵站、灌区、调水工程，七大江河干流堤防，流域管理机构所属和省级管理的河道堤防、海堤，以及其它河道三级以上堤防等工程。其它水库、水闸、堤防、泵站、灌区和调水等工程参照执行"。水利工程管理考核的对象是水利工程管理单位，重点考核水利工程的管理工作，包括组织管理、安全管理、运行管理和经济管理四类。

4.1.5 评价体系的比较与融合

1. 水利工程考核

借鉴水利工程管理考核，从与水利工程管理考核衔接的角度来看，调水工程管理效能考核指标体系可以从运行管理、经济管理、组织管理和安全管理四方面进行评估，见图4-3。

2. 智能制造管理考核与水利工程管理考核的融合

引调水工程由水库、水闸、泵站等组成，因而水利工程管理考核办法和标准可作为引调水工程的智慧管理体评估的最低标准。

为了融合智能制造评估、水利工程管理考核的内容，本研究将水利工程管理考核标准中对泵站、水库、堤防、水闸的评估分为体制机制、环境支撑、采购管理、生产管理、销售管理、资产管理、安全管理、环保管理、用户管理和体验、工程效果十方面进行分析，见表4-5。

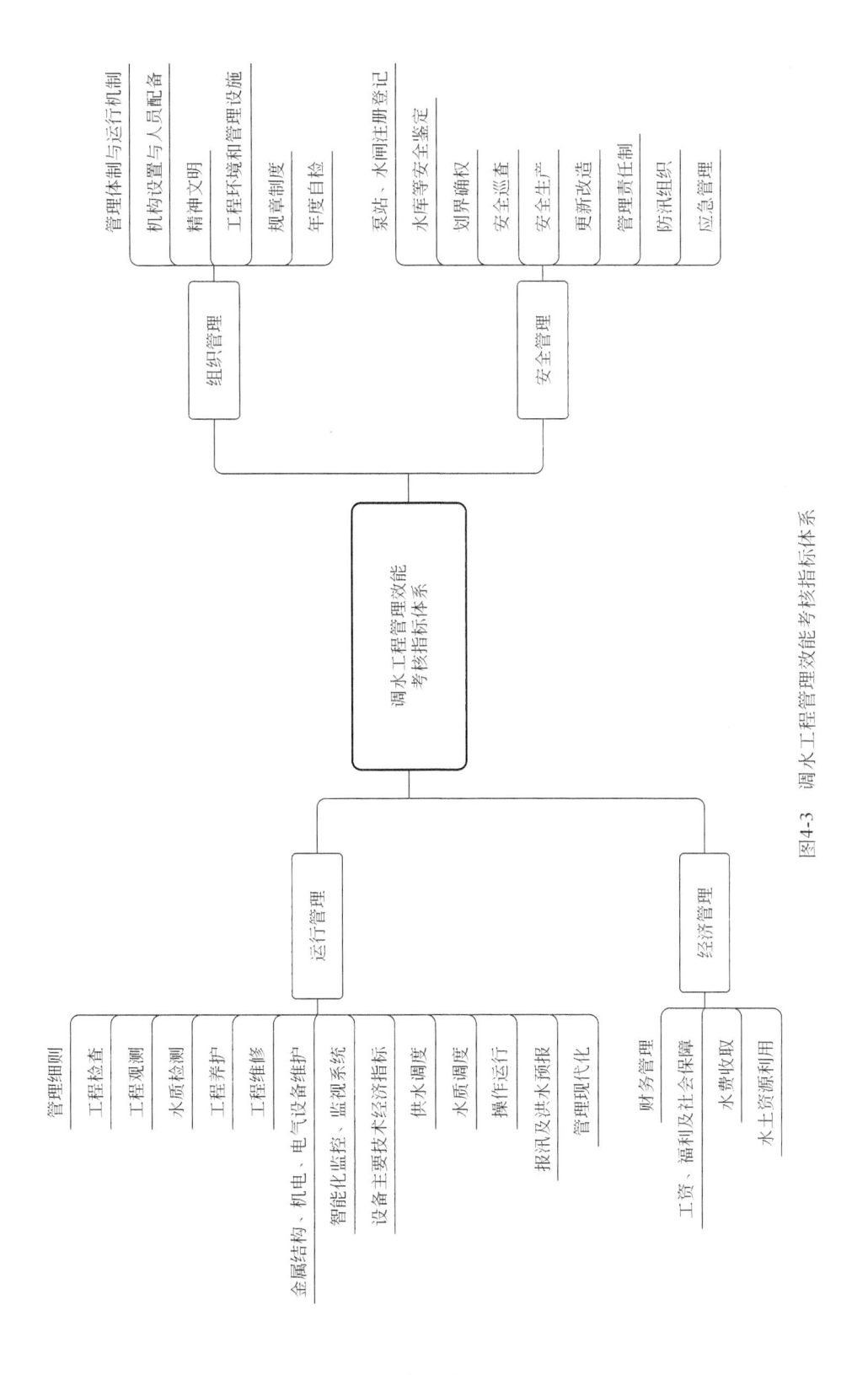

图4-3 调水工程管理效能考核指标体系

表 4-5　水利工程管理考核标准

指标	对应工程管理考核			
	泵站	水库	堤防	水闸
1. 体制机制 组织结构（职责清晰、精简高效、运行专业）；单位内部（办理内部、管理精准度）、单位内外协作（跨部门协同度）；战略规划、规章执行、管理考核	1. 管理体制和运行机制 2. 机构设置和人员配置 5. 规章制度 6. 档案管理 7. 年度自检和考核			
2. 环境支撑 创新能力（新一代信息技术应用、模式创新、技术研发与创新，科研成果转化、人才完备（人员能力要求，包括领导与从业人员，人员培训或学习与开发）、信息资源（信息资源开放、资源共享、信息资源开发利用）、可持续发展（IBM 智能电网）、经费保障	3. 精神文明（领导班子团结等） 31. 财务管理（两费保障） 32. 工资、福利及社会保障			
3. 采购管理 原材料、辅料等质量检验分析				
4. 生产管理	17. 生产及技术管理 18. 设备管理与维护 19. 维修计划执行 20. 观测工作 21. 工作环境 22. 主要技术经济指标	19. 管理细则 20. 工程检查 22. 工程养护 24. 工程维修 25. 报汛及洪水预报 26. 调度规程	20. 日常管理 21. 堤身 22. 堤防道路 23. 河道防护工程 24. 穿堤建筑物 25. 害堤动物防治	16. 管理细则 17. 技术图表 18. 工程检查 20. 维修项目管理 21. 混凝土工程的维修养护 22. 砌石工程的维修养护

续表

指标	对应工程管理考核			
	泵站	水库	堤防	水闸
4. 生产管理	23. 建筑物工程管理与维护 24. 机组设备管理及维护 25. 电气设备管理及维护 26. 辅助设备管理及维护 27. 金属结构管理及维护 28. 微机监控、视频监控系统 29. 现代化管理 30. 控制运用	19. 管理细则 20. 工程检查 22. 工程养护 24. 工程维修 25. 报汛及洪水预报 26. 调度规程	20. 日常管理 21. 堤身 22. 堤防道路 23. 河道防护工程 24. 穿堤建筑物 25. 害堤动物防治	23. 防渗、排水设施及永久缝的维修养护 24. 土工建筑物的维修养护 25. 闸门维修养护 26. 启闭机维修养护 27. 机电设备及防雷设施的维护 28. 控制运用
5. 销售管理 主要是水费计收	33. 费用收取			
6. 资产管理 设备健康与可靠性管理、知识管理及水权交易	34. 土地资源利用			
7. 安全管理 作业过程管控、应急管理、危化品管理	8. 安全鉴定 9. 等级评定 10. 水行政管理 11. 确权划界 12. 工程安全隐患排查 13. 防汛抢险 14. 安全宣传、考核、培训、考核 15. 安全巡查 16. 安全生产	8. 注册登记 11. 大坝安全责任制 13. 防汛组织 14. 应急管理 15. 防汛物料与设施 16. 除险加固 17. 更新改造	8. 工程标准 10. 涉河建设项目管理 11. 河道清障 13. 防汛准备 14. 防汛组织 15. 防汛物料与设施 16. 工程抢险 17. 工程隐患及除险加固	8. 注册登记 10. 除险加固或更新改造 11. 设备等级鉴定

续表

指标	对应工程管理考核			
	泵站	水库	堤防	水闸
4. 工程环境和管理设施				
8. 环保管理 环保实时监测、预测预警				
9. 用户管理和体验 水价协商与核定、供水服务、需水管理、实时运行数据共享				
10. 工程效果 供水量、供水水质、单位供水成本				

3. 智慧城市管理考核与水利工程管理考核的融合

基于《智慧城市评价模型及基础评价指标体系 第1部分：总体框架及分项评价指标制定的要求》，可将与智慧水利相关的指标进行保留，同时基于智慧水利的特点增加相应的指标，确定指标体系的两大类，见表4-6。

表4-6 智慧管理体两大类评价指标

大类	一级指标	二级指标评价要素	指标属性（核心/扩展）
能力类	信息资源	信息资源开放	核心
		信息资源共享	核心
		信息资源开发利用	核心
	网络安全	网络安全管理	核心
		监测、预警与应急	核心
		信息系统安全可控	核心
		要害数据安全	核心
	创新能力	新一代信息技术应用	核心
		人员完备	核心
		技术研发与创新	核心
		科研成果转化	核心
	机制保障	规划与建设方案	核心
		标准体系	核心
		规章制度	核心
		组织管理机制	核心
成效类	供水服务	供水水量满足率	核心
		供水水质达标率	核心
		水费计收信息化程度	核心
		单位供水能耗水平	核心
		服务满意度	核心

续表

大类	一级指标	二级指标评价要素	指标属性（核心/扩展）
成效类	生态改善	补充生态用水	核心
		补充地下水	核心
		补充环境用水	核心
		监测能力	核心

能力类指标是指对调水工程智慧管理体建设运行的基础能力评价体系，即调水工程管理部门运用各种资源建设调水工程智慧管理体的基本能力评价指标。能力类指标可用于评价智慧管理体运用物联网、云计算、大数据、空间地理信息集成等新一代信息技术，进行规划、建设和提升管理、服务水平的一系列定性和定量的要素项，包括信息资源开放、信息资源共享、信息资源开发利用、网络安全管理、技术研发与创新及组织管理机制等。

在调水工程智慧管理体评价指标体系总体框架中，能力类的一级指标包括信息资源、网络安全、创新能力及机制保障四方面。

成效类指标是指调水工程智慧管理体运行效果的评价指标，即各应用领域智慧化建设运营的成效评价指标。成效类指标可用于评价管理者本身所感受到的智慧管理体建设带来的便捷性、宜居性、舒适性、安全感、幸福感等相关的一系列定性或定量的要素项，包括基础设施、公共服务、社会管理、生态宜居、产业体系等。

4.2 智慧管理体评价理论

4.2.1 指标体系构建

智慧水利是智慧城市的一部分，调水工程是智慧水利建设的重要环节，智慧城市标准体系的构建具有完善的框架和思路，因而在智慧城市指标体系的构建框架下，融合智慧水利、水利工程管理等的评价考核标准，构建调水工程智慧管理体的评价指标体系。

基于智慧城市评价指标体系分项评价指标设立原则、要求等，构建调水工程的智慧管理体的评价指标体系，并基于专家打分法对指标的权重进行设定。通过查找相关资料对指标进行说明，初步判定指标的来源与计算方法，见表4-7。

表 4-7 调水工程智慧管理体的评价指标体系

大类	权重	一级指标	权重	二级指标评价要素	说明	权重	指标属性（核心/扩展）	数据来源
能力类	0.6	信息资源	0.2	信息资源开放	调水工程运行信息资源、管理信息资源及其他信息资源向社会开放的范围和水平	1/3	核心	调水工程信息、网络的实际建设评估成果以及实时更新信息
				信息资源共享	调水工程与青岛市水务部门、水利部门、水文部门的信息共享机制构建情况，健全程度和应用成效，以及城市需水预测、供水方案等信息平台、信息资源共享交换平台等平台和应用体系的建设水平	1/3	核心	
				信息资源开发利用	社会机构或个人利用调水工程的运行、管理、风险防控资源提供新型信息服务业务的水平	1/3	核心	
		网络安全	0.1	网络安全管理	网络安全管理机制的健全性，以及重要信息基础设施的网络安全保障水平	1/4	核心	
				监测、预警与应急	网络管理、态势监测和预警、应急处理和信任服务等方面的能力和水平	1/4	核心	
				信息系统安全可控	重要信息系统和涉密信息系统、关键信息基础设施的安全防护水平	1/4	核心	
				重要数据安全	重要信息使用管理和安全评价机制的健全性，以及个人信息保护水平	1/4	核心	
		创新能力	0.1	新一代信息技术应用	物联网、云计算、大数据等新一代信息技术在城市各行业、领域的应用范围和水平	1/4	核心	工程管理部门对每年成果的统计情况
				人员完备	运行、管理、研发涉及调水工程运行的技术管理人员齐全、技术过硬、学历、学历年龄结构合理比例	1/4	核心	
				技术研发与创新	调水工程的实践经验作为论文、专利、管理模型和软件的能力和水平	1/4	核心	
				科研成果转化	调水工程的实践经验作为论文、专利、计算机软件著作权（软著）发表的能力和水平	1/4	核心	

续表

大类	一级指标	权重	二级指标评价要素	说明	权重	指标属性（核心/扩展）	数据来源
能力类	机制保障	0.6	规划与建设方案	调水工程的规划与建设方案的完善性，以及方案与其他城市发展规划、供水规划的衔接性	1/4	核心	已有的机制和方案
			标准体系	调水工程达到智慧水利标准体系的情况，以及制定、推广智慧水利的水平	1/4	核心	
			规章制度	调水工程运行管理的相关规章制度的完备性和可行性	1/4	核心	
			组织管理机制	调水工程管理机制和管理办法的健全性	1/4	核心	
	供水服务	0.2	供水水量满足率	调水工程供水水量达到分配供水标准的供水量的天数	1/5	核心	
			供水水质达标率	调水工程供水水质满足用水标准的水量占总供水量的比例	1/5	核心	
			水费计收信息化程度	调水工程供水的水费计量的自动化、数字化的普及率	1/5	核心	
			单位供水能耗水平	调水工程单位供水量消耗的电能的量	1/5	核心	
			服务满意度	调水工程供水、售后等的问卷调查满意程度	1/4	核心	
成效类	生态改善*	0.4	补充生态用水	调水工程的供水量用于补充生态用水的量占总供水量的比例	1/4	核心	实时监测数据
			补充地下水	调水工程的供水量用于补充地下水的量占总供水量的比例	1/4	核心	
			补充环境用水	调水工程的供水量用于补充环境用水的量占总供水量的比例	1/4	核心	
			监测能力	调水工程的水量供给、调度、输送等过程的监测保证程度	1/4	核心	

4.2.2 评价方法

基于分析确定的指标体系，确定各个指标的定义和评估计算方法；定量指标数据通过统计获取，而定性指标数据由参与调研的所有专家打分后，取平均值作为指标值。在确定指标权重的基础上，将指标分为 5 个评价等级；基于实际的指标确定其隶属度，进而计算其白化权聚类系数，对结果进行综合评判，得到其智慧管理体的分级。

4.3 指标体系构建

4.3.1 能力类指标

能力类指标是指对调水工程智慧管理体建设运行的基础能力评价体系，即调水工程管理部门运用各种资源建设调水工程智慧管理体的基本能力评价指标。能力类指标可用于评价智慧管理体运用物联网、云计算、大数据、空间地理信息集成等新一代信息技术，进行规划、建设、提升管理、服务水平的一系列定性和定量的要素项，包括信息资源开放、信息资源共享、信息资源开发利用、网络安全管理、技术研发与创新及组织管理机制等。

在调水工程智慧管理体评价指标体系总体框架中，能力类的一级指标包括信息资源、网络安全、创新能力及机制保障四方面。

1. 信息资源

我国的水利工程信息化建设经历 2001~2024 年的发展，目前水利信息化的新态势是智慧水利，这是为了满足现阶段国家信息化建设的需求，也是为了更好地推动水利工程朝着现代化道路发展的需求发展。

(1) 计算机设备的先进性

调水工程使用的计算机，能够进行更新，配置先进的计算机设备，能够使得程序的精细度满足要求、对数据的检测和信息的收集能够达到相应的标准。

(2) 软件、系统的先进性

调水工程在更新计算机的同时，对系统和软件进行定时检测，使得信息进行更新，数据的准确度提高。

(3) 信息资源共享能力

调水工程能够收集供水区域的旱涝状况、污染状况、水文数据等，加强与外部环境的联系，不断扩展信息资源的获取渠道，能够实现信息资源的共享。形成统一的信息共享平台，能够与气象、测绘、工商、生态环境、交通运输、自然资源、住房和城乡建设、工业和信息化、民政等部门的数据实现共享。

（4）信息资源开发、更新能力

对信息资源的采集、处理、加工、存储、应用、管理等各个环节与生命周期进行全面、系统地把握，做好全方位的规划与管理。充分利用国家发布的资源信息和实时监测信息，对信息资源进行更新。

（5）信息技术人才的培养

专业的信息技术人才对计算机处理的信息进行审核、处理，采取线上培训、外出交流等方式开展信息化技术培训、业务应用培训以及技术交流培训等工作，努力提高专业人才的整体素质。

（6）水利档案信息质量

对水利工程从初始工程立项、施工过程直到竣工结束的全过程进行记载，记载方式为文字、图案或者录像，从而构建水利档案，其是水利工程正常运行管理不可或缺的信息资料，更可供后期其他水利工程的建设、维护等借鉴。水利档案信息质量可用水利档案的完善程度、信息松散和重复率、利用率等进行表示。

（7）水利档案管理水平

水利档案管理水平可用水利档案管理制度的完善程度表示，指具有专门的人员对历史数据进行归纳整理和更新、剔除，配备专门人员进行信息的收集和录入，同时，水利档案信息能够实现异地联网，能够为其他单位提供借鉴。

（8）具备深度感知能力

在人口相对较少的地区，能够运用遥感等技术对水文气象、水土保持等进行监测，建立系统全面的数字化数据库，监测频次高且实现了数据的全面采集。

（9）信息安全防护能力

信息安全防护能力指水利信息化系统核心设备和软件的安全风险，对云计算、大数据、物联网、新一代移动互联网等新技术的防护手段。

（10）信息管理保障体系

信息管理保障体系指水利信息化建设运行管理的协调分管机制，权责分配情况，运行机制、维护制度建设情况。

（11）信息系统管理的完备性

信息系统管理具有完备性指具备水利设施管理系统、农村水利管理系统、水土保持监测与管理系统、水质监测与评价信息系统、水资源管理系统、移民管理系统、政策法规公文查询系统、水利地理信息系统、水利信息公众服务系统等。

2. 网络安全

云时代背景下网络更加开放，可以通过手机、电脑等设备随时随地实现水利工程信息资源共享，加大了水利信息资源的共享范围，有利于水利工程网络的有效建立。

（1）安全防护配置水平

安全防护配置水平指对各部门的网络安全建设的人力、物力、财力的均衡度、充裕度、专业性，安全措施、系统安全的防护水平。

（2）安全防护技术先进性

对安全区域进行隔离划分的合理性，安全措施对网络安全、物理安全、数据安全、系统安全和应用安全的重视程度；对内外部网络非法访问的控制协调度；网络防护对病毒、入侵检测、深层防护的能力；对用户权限的控制水平，是否能够有效甄别用户身份。

（3）安全防护系统性

各部门信息系统管理体系的完备特征，以及部门之间联系和沟通的频率；单位内部网络安全教育培训的频率，是否具备足够的安全意识；在面对紧急的安全问题时，管理机制、策略、制度的完备性；具有专业的网络安全管理人才。

（4）网络安全基础环境

调水工程控制系统网络的安全隔离、访问认证措施，网络边界防护、访问加密认证等措施，控制系统网络与办公网之间具备网络访问控制设备和入侵防范设备。

控制系统中的工控机、可编程序逻辑控制器（PLC）、移动介质、交换机等能够利用国产品牌，对漏洞进行及时修复，能够有效防御黑客的入侵。

部署监测审计设备，对网络中的异常流量进行监测，对系统账户进行定期审计，对违规操作、越权访问等行为进行监测审计。

（5）网络安全管理制度

具备防范计算机病毒及发生网络攻击事件时进行应急处置的安全管理制度。定期对重要系统和数据进行备份。制定水利工程工业控制系统网络安全事件应急预案，并定期组织应急演练，当遭受安全威胁导致系统出现异常或故障时可以立即采取处置措施。

明确水利工程工业控制系统安全管理责任人，在生产运行、网络安全管理等部门间建立协调管理机制，实现对水利工程工业控制系统网络安全的统一高效管理。

建立涵盖岗位责任、各项管理、报告、内部审计等在内的一套健全的计算机网络安全管理制度体系，从而保障水利工程管理信息系统的安全运转。

高度重视计算机网络安全人才的培训，培养出高质量的计算机网络安全领域的专门人才。

加大宣传力度和教育培训力度，保证水利工程行业的职工能够更加安全地进行计算机网络的操作，定期举办计算机网络安全培训讲座以及座谈会，让每个职工都能够具备较强的计算机网络安全保密意识，最大限度地规避计算机网络安全风险，切实保障水利工程信息系统的安全。

(6) 云技术的运用

运用云计算和云存储的能力和水平。

3. 创新能力

(1) 新一代信息技术应用

调水工程能够对原有的设备、软件、系统等进行定期检测和更新。

(2) 人员完备

定期对人员进行培训和考核，使其具备相应的能力和水平。

(3) 技术研发与创新

在人力、物力、财力、政策等方面对技术研发与创新进行支持和奖励。

(4) 科研成果转化

每年发表论文的数量、出版专著的数量、申请专利的数量、申请经费的数量、获得奖励的数量。

4. 机制保障

(1) 建设信息安全监测预警和应急响应体系

建设覆盖综合感知、分析处理、智能应用全过程的信息安全监测预警和应急响应体系，实现水利信息的全面安全管理和全流程闭环运营，全面提升网络信息安全感知和应急处置能力。

(2) 构建完善的智慧水务信息保障体系

根据水利信息化建设的要求，结合水利信息"感知、互联、共享、支撑、应用"各层面运维的特点，明确工作领导机构，落实市县工作分工和协调机制，建立覆盖各级水务部门和信息基础设施运行管理单位的智慧水务信息保障专职机构，全面保障智慧水务信息建设与发展。

(3) 建立安全测评与监督机制

结合国家网络安全相关要求建立水利工程工业控制系统安全测评常态机制，对工业控制系统开展漏洞检测、风险评估和等级测评。加强水利工程工业控制系统安全监督检查职责，逐步建立风险监测预警机制，感知水利工程工业控制系统安全态势。

4.3.2 成效类指标

成效类指标是指调水工程智慧管理体运行效果的评价指标，即各应用领域智慧化建设运营的成效评价指标。成效类指标可用于评价管理者本身所感受到的智慧管理体建设带来的便捷性、宜居性、舒适性、安全感、幸福感等相关的一系列定性或定量的要素项，包括基础设施、公共服务、社会管理、生态宜居、产业体系等。

1. 供水服务

（1）供水水量满足率
供水水量满足率指调水工程供水水量达到分配的供水量的天数。

（2）供水水质达标率
供水水质达标率指调水工程供水水质满足用水标准的水量占总供水量的比例。

（3）水费计收信息化程度
水费计收信息化程度指调水工程供水的水费计量的自动化、数字化的普及率。

（4）单位供水能耗水平
单位供水能耗水平指调水工程单位供水量消耗的电能的量。

（5）服务满意度
服务满意度指调水工程供水、售后等的问卷调查满意程度。

2. 生态改善

（1）补充生态用水
补充生态用水指调水工程的供水量用于补充生态用水的量占总供水量的比例。

（2）补充地下水
补充地下水指调水工程的供水量用于补充地下水的量占总供水量的比例。

（3）补充环境用水
补充环境用水指调水工程的供水量用于环境用水的量占总供水量的比例。

（4）监测能力
监测能力指调水工程的水量供给、调度、输送等过程的监测保证程度。

4.4 水利工程管理考核评估

调水工程标准化管理是水利工程标准化管理的重要组成部分，对提升调水工程运行管理能力和水平，推进管理规范化、智慧化、标准化，充分发挥国家水网运行整体效能意义重大。省级水行政主管部门要按照《水利部办公厅关于切实做好水利工程标准化管理有关工作的通知》，将本地区调水工程标准化管理工作纳入水利工程标准化管理工作实施方案中。要结合实际，制定本地区调水工程标准化评价细则及其评价标准。要细化、实化目标任务，制定工作计划，明确本地区各年度标准化创建安排，建立本地区调水工程标准化管理常态化评价机制，并对申报调水工程标准化管理提出明确任务要求。

4.4.1 评价方案

针对调水工程点线结合的特点，在依据调水工程标准化管理整体评价标准对调水工程进行整体评价前，工程所含的水库、水闸、堤防、泵站、渠道（渡槽）、管涵（隧洞、倒虹吸）等各类单项工程均应满足单项工程评价标准。水利部已明确水库、水闸、堤防、泵站4类评价标准，并补充编制了渠道（渡槽）及管涵（隧洞、倒虹吸）2类单项工程评价标准。

调水工程在所含全部单项工程均满足标准化管理要求的基础上，若整体评价总分达到920分（含）以上，并且各类别评价得分不低于该类别总分的85%，就可认定为水利部标准化管理工程。对于单项工程，初评方式由负责初评的单位根据工程实际情况确定，可分段分类进行评价；水利部评价选取一定比例的单项工程进行复核。

调水工程标准化管理评价原则上以工程整体为单元进行评价，涉及多个水利工程管理单位（以下简称水管单位）的，也可以按照水管单位分段进行评价。

评价按照"标准化基本要求"和"水利部评价标准"两个层次确定评价要求，"标准化基本要求"为省级制定标准化评价标准的基本要求，"水利部评价标准"为申报水利部标准化评价的标准。如果认定为水利部标准化管理工程的，赋分为100分，认定为省级标准化管理工程的，赋分为80分。

4.4.2 评价内容

调水工程标准化管理评价包括整体评价和单项工程评价。在对调水工程进行整体评价前，工程所含的水库、水闸、堤防、泵站、渠道（渡槽）、管涵（隧洞、倒虹吸）6类单项工程均应满足单项工程评价标准。评价标准对应分为整体评价标准和单项评价标准。

1. 调水工程整体评价标准

为合理评价调水工程整体运行管理的全过程，特别是体现国家水网建设的要求，调水工程整体评价标准分为系统完备、安全可靠、集约高效、绿色智能及循环通畅调控有序5个类别进行评价，总分1000分，其中，系统完备200分、安全可靠200分、集约高效250分、绿色智能150分、循环通畅调控有序200分。重点突出工程安全、供水安全、水质安全，充分考虑工程统一性、效益可持续性、调度通畅性、信息化赋能等管理需要。此外，为体现调水工程整体评价标准的引导性作用,对于标准化管理先进做法采用设置加分项的方式予以鼓励,在信息化(4分)、工程效益(4分)、管理措施(2分)等方面设置加分项,加分项共计10分。

2. 新增单项工程评价标准

渠道(渡槽)及管涵(隧洞、倒虹吸)2类单项工程评价标准分为工程状况、安全管理、运行管护、管理保障、信息化建设5个类别,总分1000分,其中,工程状况230分、安全管理280分、运行管护210分、管理保障180分、信息化建设100分。

4.4.3 评价流程

1. 申报

省级水行政主管部门负责本行政区域内所管辖调水工程申报水利部评价的初评、申报工作。流域管理机构负责所属调水工程申报水利部评价的初评、申报工作。跨省调水工程原则上由统一的水管单位初评后,直接申报水利部评价;涉及多个水管单位的,也可分段由省级水行政主管部门负责申报水利部评价的初评、申报工作。

调水工程通过初评后,可申报水利部评价。

2. 评价

申报水利部评价的工程由水利部按照工程所在流域委托相应流域管理机构组织评价。流域管理机构所属或涉及多个流域管理机构的工程,由水利部或其委托的单位组织评价。评价时,主要对调水工程进行整体评价,同时选取一定比例的单项工程进行复核。如果一个单项工程复核不满足单项评价标准,则调水工程不能认定为水利部标准化管理工程。

基于该考核办法,得到工程的自评结果,作为综合评估的一部分。

4.5 数据采集

定量指标数据通过统计获取,而定性指标数据由参与调研的所有专家打分后,取平均值。

4.6 评估模型及步骤

(1) 智慧管理体评价指标权重 η_i 的确定

通过咨询专家对各层次指标进行综合赋权,取平均值确定出各指标的权重 $\eta = (\eta_1, \eta_2, \cdots, \eta_n)$,智慧管理体两大类评价指标权重如表4-8所示。

表4-8 智慧管理体两大类评价指标权重

序号	大类权重	一级指标权重	二级指标权重	综合权重
1	0.6	0.2	0.3	0.07
2		0.2	0.3	0.07
3			0.4	0.09
4		0.1	0.25	0.03
5			0.25	0.03
6			0.25	0.03
7			0.25	0.03
8		0.1	0.25	0.03
9			0.25	0.03
10			0.25	0.03
11			0.25	0.03
12		0.2	0.25	0.06
13			0.25	0.06
14			0.25	0.06
15			0.25	0.06
16	0.4	0.2	0.2	0.03
17			0.2	0.03
18			0.2	0.03
19			0.2	0.03
20			0.2	0.03
21		0.2	0.3	0.05
22			0.3	0.05
23			0.3	0.05
24			0.1	0.02

(2) 智慧管理体评价指标的分级划分

运用杠杆原理和专家调查法,将智慧管理体等级划分为5个评价等级(各评价指标所对应的区间见表4-9），等级的序号为 k（$k=1, 2, 3, 4, 5$），分别表示不合格、合格、中等、良好、优秀。对应的取值范围分别为 $[\beta_1, \beta_2)$、$[\beta_2, \beta_3)$、$[\beta_3, \beta_4)$、$[\beta_4, \beta_5)$、$[\beta_5, \beta_6)$，同时取分级的序号向量为评定集向量 $\theta=$（1，2，3，4，5），作为评分表。

表4-9 评价指标的区间

序号	不合格	合格	中等	良好	优秀
1	[0, 60)	[60, 70)	[70, 80)	[80, 90)	[90, 100]
2	[0, 60)	[60, 70)	[70, 80)	[80, 90)	[90, 100]
3	[0, 60)	[60, 70)	[70, 80)	[80, 90)	[90, 100]
4	[0, 100)	[100, 120)	[120, 140)	[140, 160)	[160, 180]
5	[0, 200)	[200, 300)	[300, 400)	[400, 500)	[500, 600]
6	[0, 100)	[100, 120)	[120, 140)	[140, 160)	[160, 180]
7	[0, 150)	[150, 160)	[160, 170)	[170, 180)	[180, 190]
8	[0, 350)	[350, 360)	[360, 370)	[370, 380)	[380, 390]
9	[0, 120)	[120, 140)	[140, 160)	[160, 180)	[180, 200]
10	[0, 150)	[150, 160)	[160, 170)	[170, 180)	[180, 190]
11	[0, 50)	[50, 60)	[60, 70)	[70, 80)	[80, 90]
12	[0, 60)	[60, 70)	[70, 80)	[80, 90)	[90, 100]
13	[0, 60)	[60, 70)	[70, 80)	[80, 90)	[90, 100]
14	[0, 60)	[60, 70)	[70, 80)	[80, 90)	[90, 100]
15	[0, 60)	[60, 70)	[70, 80)	[80, 90)	[90, 100]
16	[0.2, 0.3)	[0.3, 0.4)	[0.4, 0.5)	[0.5, 0.6)	[0.6, 0.7]
17	[0.1, 0.2)	[0.2, 0.3)	[0.3, 0.4)	[0.4, 0.5)	[0.5, 0.6]
18	[0.25, 0.35)	[0.35, 0.45)	[0.45, 0.55)	[0.55, 0.65)	[0.65, 0.75]
19	[0.2, 0.3)	[0.3, 0.4)	[0.4, 0.5)	[0.5, 0.6)	[0.6, 0.7]
20	[0, 60)	[60, 70)	[70, 80)	[80, 90)	[90, 100]
21	[0.12, 0.13)	[0.13, 0.14)	[0.14, 0.15)	[0.15, 0.16)	[0.16, 0.17]
22	[0.22, 0.23)	[0.23, 0.24)	[0.24, 0.25)	[0.25, 0.26)	[0.26, 0.27]
23	[0.2, 0.3)	[0.3, 0.4)	[0.4, 0.5)	[0.5, 0.6)	[0.6, 0.7]
24	[0, 150)	[150, 160)	[160, 170)	[170, 180)	[180, 190]

（3）智慧管理体评价指标的隶属度确定

将各指标的值代入式（4-1）、式（4-2），确定指标值对区间的隶属度。

(4) 智慧管理体评价指标的白化权聚类系数的确定

设 ξ_k 属于第 k 个灰类（灰类序号为 k）的白化权函数值为 1，连接 $(\xi, 1)$ 与第 $k-1$ 个灰类的起点 β_{k-1} 和第 $k+1$ 个灰类的起点 β_{k+2}，得到 j 指标关于 k 灰类的三角白化权函数 $f_j^k(x)$，$j=1, 2, \cdots, n$；$k=1, 2, \cdots, s$。继而，根据各指标的观测值 y，计算出其属于灰类 k（$k=1, 2, \cdots, s$）的隶属度 $g_j^k(y)$。

$$\xi_k = (\beta_k + \beta_{k+1})/2 \tag{4-1}$$

$$g_j^k(y) = \begin{cases} \dfrac{y - \beta_{k-1}}{\xi_k - \beta_{k-1}}, & y \in [\beta_{k-1}, \xi_k] \\ \dfrac{\beta_{k+2} - y}{\beta_{k+2} - \xi_k}, & y \in [\xi_k, \beta_{k+2}] \\ 0, & y \notin [\beta_{k-1}, \beta_{k+2}] \end{cases} \tag{4-2}$$

(5) 综合权重的计算

按式（4-3）计算评价对象 i 对于 k 类的综合权重系数 ω_i^k；按式（4-4）对评价对象 i 的权重进行归一化处理，得到其相应的综合权重向量 δ_i^k。

$$\omega_i^k = \sum_{j=1}^{n} g_j^k y_{ij} \eta_j \tag{4-3}$$

$$\delta_i^k = \omega_i^k \Big/ \sum_{k=1}^{s} \omega_i^k \tag{4-4}$$

(6) 综合评定值计算

运用式（4-5），结合评定集向量 θ，计算各评价对象 i 的综合评定值 T_i，并按 T_i 大小对被评价对象进行排序评价。同时，根据最大隶属度原则，由综合权重系数 ω_i^k 对被评价对象进行分级评价。

$$T_i = \sum_{k=1}^{s} \delta_i^k \theta_k \tag{4-5}$$

4.7 结果与预期效果分析

基于上述分析研究，对引黄济青工程的指标进行判断，分析挖掘其优势指标和需要改进的指标。能力类指标是核心，成效类指标是支撑。

1) 对二级指标的来源（获得方法）进行分析，其中，打分法有 8 个，投入经费法有 9 个，比例法有 7 个（表4-10）。其中，投入经费法和比例法均为客观数据计算所得，占比 66.67%，打分法通过专家主观判断得到，占比 33.33%。其中，能力类指标主观指标占比 46.67%，成效类指标主观指标占比 11.11%，说明能力类指标的获得大多基于专家的主观经验，成效类指标结果较客观。

表 4-10 智慧管理体两大类评价指标

大类	一级指标	二级指标评价要素	获得指标方法
能力类	信息资源	信息资源开放	打分法
		信息资源共享	打分法
		信息资源开发利用	打分法
	网络安全	网络安全管理	投入经费法
		监测、预警与应急	投入经费法
		信息系统安全可控	投入经费法
		要害数据安全	投入经费法
	创新能力	新一代信息技术应用	投入经费法
		人员完备	投入经费法
		技术研发与创新	投入经费法
		科研成果转化	投入经费法
	机制保障	规划与建设方案	打分法
		标准体系	打分法
		规章制度	打分法
		组织管理机制	打分法
成效类	供水服务	供水水量满足率	比例法
		供水水质达标率	比例法
		水费计收信息化程度	比例法
		单位供水能耗水平	比例法
		服务满意度	打分法
	生态改善	补充生态用水	比例法
		补充地下水	比例法
		补充环境用水	比例法
		监测能力	投入经费法

2) 能力类指标中的优秀指标占比为 66.67%，良好指标占比为 33.33%；成效类指标中的优秀指标占比为 50%，良好指标占比为 37.5%，中等指标占比为 12.5%。说明引黄济青工程的能力类指标优秀率较高，成效类指标有很大的提升空间。引黄济青工程在信息资源的构建、网络安全的维护、创新能力的提升、机制保障的健全方面花费了大量的经费和人力，取得了较好的建设成果，但是应该进一步提升信息资源共享的水平和能力、要害数据安全的保障能力，在大力宣传服务和信息共享的同时，要重视要害数据的保密和加密。引黄济青工程是生产单位，在创新能力上要注意进一步加强，应该扩大高学历人群的数量，积极制定相关体系和规章制度，加快成果的转化，将生产实践中的经验提炼为科研

成果。机制保障方面的相关标准体系存在欠缺和不足，要加强标准化建设。

3) 引黄济青工程供水服务目前依然存在信息化不足的缺陷，水费计收在部分农村未完全实现信息化、智能化收费，由于老年人或外出务工人员较多，信息化受到限制。供水能耗水平较高，应该加强高效、低耗的设备的引用和研发，在供水的同时，实现节约用水和节约用电。供水工程应该加强服务的水平，及时与水厂、政府进行沟通，积极听取各级人员的意见和建议，及时修正工作中的不足。引黄济青工程的服务水平较弱，建议从生产管理部门向服务部门转变。由于工程成本高，加之水资源比较紧张，在水资源配置和调度中，用于生态的水量尚未满足要求，应该进一步完善水资源的生态配置工作。

4) 综合评估可知，引黄济青管理体的智慧化水平为80.9分，为良好的水平，说明引黄济青管理的智慧化水平较高，但是依然有提升的空间。

在标准化管理的基础上，对水利工程管理的智慧化程度进行评估。根据《水利工程标准化管理评价办法》规定，以《调水工程标准化管理评价标准》为基础，水利部委托水利部南水北调规划设计管理局和有关流域管理机构进行调水工程标准化管理水利部评价。根据评价结果，经审查，山东胶东调水工程通过调水工程标准化管理的评估。根据水利部《关于第一批调水工程标准化管理水利部评价结果的公示》，山东胶东调水工程符合"水利部评价标准"，同时符合省级制定的"标准化基本要求"，以百分制评分，则赋分为100分，在总分中占比60%，评价调水工程标准化管理的基本条件。另外，构建的智慧管理体的评价指标体系作为第三方评估成果，以百分制评分，在总分中占比40%，评价调水工程管理的智慧化程度，基于各项的评分，运用综合评判法得到智慧管理体的得分为80.9分。两部分相加得到的结果为智慧管理体的得分。

引黄济青通过标准化评估，标准化折合得分60分；智慧化水平80.9分，折合得分32.36分；两者合计92.36分，即智慧管理体评估得分92.36分。项目实施后得分提高了53.9%，比项目实施前提高20%以上。

4.8 小　　结

在分析智慧制造、智慧城市、智慧水利、水利工程考核的基础上分析了智慧管理的内涵，以智慧能力类指标和成效类指标为框架，构建智慧管理体评价指标体系。在分析文献、查阅标准的基础上，对智慧管理体的能力类指标、成效类指标进行细化，确定二级指标、三级指标及其计算方法。通过收集数据、主客观权重相结合实现智慧化等级的确定。以引黄济青工程的智慧管理体为研究对象，确定指标、分析权重、综合评判，分析得出引黄济青工程管理的智慧化水平为良好，并为工程进一步构建智慧管理体提供了相关的对策和建议。

第 5 章　工程效益评估方法

5.1 目标任务

截至 2019 年 11 月 16 日，引黄济青工程建成通水 30 年来，累计引水超过 94 亿 m^3，累计为胶东四市配水 62.48 亿 m^3，其中，为青岛配水 46.82 亿 m^3、为潍坊配水 9.64 亿 m^3、为烟台配水 3.31 亿 m^3、为威海配水 2.71 亿 m^3，配水量分别占四市总供水量的 60.68%、17.9%、12%、16.2%，补充地下水 6.89 亿 m^3，发挥了巨大的社会效益、经济效益和生态效益，有力地保障了胶东四市基本用水需求。因此，需要研究构建胶东调水工程社会效益、经济效益、生态效益和综合效益的评价指标体系，确立综合效益的定量化描述和计算方法。

胶东调水工程是山东省"百"字型骨干水网的重要组成部分，由引黄济青工程和胶东地区引黄调水工程组成。引黄济青工程于 1989 年 11 月 25 日正式建成通水，主要解决青岛及工程沿途城市用水并兼顾农业用水、生态补水，2014 年启动改扩建工程。胶东地区引黄调水工程于 2013 年 7 月实现主体工程全线贯通，2015 年 10 月开始应急抗旱调水，2019 年 12 月 18 日通过竣工验收，供水目标以城市生活用水与重点工业用水为主，兼顾生态环境和部分高效农业用水。

工程效益评估目标任务主要包括胶东调水工程综合效益的评价指标体系与评估方法研究。研究构建胶东调水工程社会效益、经济效益、生态效益和综合效益的评价指标体系，确立综合效益的定量化描述和计算方法；研究利用本部门监测、行业数据共享、跨部门数据共享、网络大数据、卫星遥感等手段采集工程效益评价数据的技术方法；构建调水工程综合效益的评估方法，并建立效益评估的可视化表达。

因此，围绕工程效益评估研究任务需求，进行了水资源综合调配与管理决策支持系统的开发，构建支撑工程效益评估的动态多区域 CGE 模型。同时，以青岛为例，进行引黄济青工程青岛供水效益测算。

5.2 一般均衡模型

5.2.1 概念及研究进展

CGE 模型起源于法国经济学家莱昂·瓦尔拉斯（Léon Walras）的一般均衡理论。全球第一个 CGE 模型由挪威经济学家利夫·约翰森（Leif Johensan）在 1960 年提出。一般均衡理论要求须满足零利润、市场出清、收支均衡 3 个条件，即生产部门不存在超额利润、市场不存在超额需求、支出不能大于收入。CGE 模型的构造也相应地包含供给部分、需求部分和供求关系 3 组方程，模型的本质就是以大量线性或非线性方程组描述和反映经济系统的需求、供给和供需关系，在一系列给定的约束条件下对这组方程进行求解。

之后，CGE 模型逐步发展并被运用到许多领域，并开始在水资源问题研究中得到应用。在水资源领域，对于水与环境和社会经济之间复杂关系的研究，CGE 模型作为一个较为理想的研究工具，可在分析大型水利工程对经济、社会、文化、政治等各方面的影响上得到较好的应用。在水资源价格、水资源配置、水市场、水权交易及水政策等问题的研究中，都可以把水作为一种约束条件、生产要素，中间投入品或者直接作为一个部门纳入 CGE 模型中，构建应用于水资源问题研究的 CGE 模型，探讨特定的水资源问题与社会经济系统之间的相互作用。

5.2.2 基本结构

模型的基本经济单元由生产者、消费者、政府、进出口部门等组成。CGE 模型的基本结构主要包括生产行为、消费行为、政府行为、外贸、市场均衡 5 个经济单元。

投入产出表是水资源投入产出表及其模型的研究基础，为一种棋盘式平衡表，投入产出模型是根据投入产出表的横栏建立的。按照"总产出＝中间产出＋最终产出"的平衡关系，则有

$$X_i = \sum_{j=1}^{N} x_{ij} + Y_i \tag{5-1}$$

式中，X_i 为第 i 部门的总产出；$\sum_{j=1}^{N} x_{ij}$ 为第 i 部门提供的中间产出，提供给各部门使用；Y_i 为第 i 部门的最终产出。

通常情况下，可引入直接消耗系数指标来说明各经济部门之间的单位消耗关系。直接消耗系数又称中间投入系数或技术系数，计算公式为

$$a_{ij}=x_{ij}/X_j \tag{5-2}$$

式中，i 表示产出部门所在行的位置；j 表示投入部门所在列的位置；a_{ij} 为直接消耗系数；x_{ij} 为第 j 投入部门生产中消耗的第 i 产出部门的产品价值；X_j 为第 j 投入部门的总投入，即第 j 部门的总产出。

记直接消耗系数矩阵为 A，完全消耗系数矩阵为 B，则有

$$B=A(I-A)^{-1} \tag{5-3}$$

式中，$B=[b_{ij}]_{n\times n}$，b_{ij} 为第 i 部门对第 j 部门的完全消耗系数；$(I-A)^{-1}$ 为列昂惕夫（Leontief）逆矩阵，记为 $\bar{B}=[\bar{b}_{ij}]_{n\times n}$，为第 i 经济部门对第 j 经济部门的间接消耗系数。与直接消耗系数相比，完全消耗系数的区别在于它包括了部门生产单位产品的直接消耗和与生产有关的间接消耗。

引进直接消耗系数后，式（5-1）的矩阵形式为

$$AX+Y=X \text{ 或 } X=(I-A)^{-1}Y \tag{5-4}$$

式中，A、X、Y 分别为中间投入系数矩阵 $A=[a_{ij}]_{n\times n}$、总产出行向量 $X=[X_j]_{1\times n}$、最终产品列向量 $Y=[Y_i]_{n\times 1}$；$(I-A)^{-1}$ 为 Leontief 逆矩阵。

最终产出 Y 分为消费、积累和净调出（含进出口）三大项。其中，消费又分为家庭消费（也可称为居民消费）与社会集团消费（也可称为社会消费或政府消费）；积累又分为固定资产投资和库存投资（流动资产投资）；净调出又分为调出（含出口）与调入（含进口）两类，对于第 i 行业，则有

$$Y_i = \sum_{k=1}^{4} Y_{i,k} + \text{EX}_i - \text{IM}_i \tag{5-5}$$

式中，$Y_{i,k}$ 分别为家庭消费（$k=1$）、社会集团消费（$k=2$）、固定资产积累（$k=3$）和库存积累（$k=4$）；EX_i 为调出量；IM_i 为调入量。

GDP 是反映一个国家整体发展水平的一个重要指标。从投入产出表第Ⅲ象限来看，各经济部门的增加值之和与最终产品按市场价格计算所得的 GDP 在数值上是相等的，即

$$\text{GDP} = \sum_{j=1}^{n} N_j = \sum_{j=1}^{n} (r_j \cdot X_j) \tag{5-6}$$

式中，N_j、r_j、X_j 分别为第 j 经济部门增加值、增加值率、总产出。

从投入产出表第Ⅱ象限来看，各行业最终产品使用价值量之和也与 GDP 数值相等，即

$$\text{GDP} = \sum_{i=1}^{n} Y_i \tag{5-7}$$

式中，Y_i 为第 i 经济部门最终产品使用价值量。

5.2.3　模型求解

运用 CGE 模型进行经济效应和用水效应分析需分两个步骤进行：步骤一是制定基准情景。设置研究时段（计算分析期）并假设调水量保持在原有水平上，模拟出案例地区基准年至规划水平年份内经济、社会、自然发展变化趋势场景，即基准情景。在此情景下，本研究首先对案例地区未来经济社会发展规划进行了模拟，主要包括经济发展总量增长和劳动力总量增长以及经济产业结构调整各方面内容；再假定外调水量保持恒定，通过模型计算基准情景下行业经济和用水结构。步骤二是政策情景模拟。基于基准情景引入外调水量变化并设定不同调水情景，可以更精确地剥离调水对经济社会及用水的影响。

政策情景变量结果和基准情景变量结果之间的差异表现为经济社会其他变量相同时，仅有外调水量对经济产生的影响。采用以上两步法，可以更精确地剥离外调水源对经济社会的影响。

5.3　系统开发

系统开发先后经历了需求分析、系统设计和详细设计等阶段，形成了系统原型架构的设计，包括系统架构、模块划分、运行逻辑、数据结构、接口设计、算法改进、程序调用等一系列成果。

5.3.1　需求分析阶段

本研究针对水资源管理中存在的技术问题展开了分析讨论，识别了水与国民经济流转机制解析、水管理政策评估、"以水四定"方案模拟等功能需求，拟定了"决策支持系统"中"刻画经济社会与水资源的联动关系""求解水资源开发利用适配方案""评估水管理政策资源经济影响"功能目标，确定了"物质量-价值量闭环分析手段""完善中国特色模型机制"的功能特征，构思了两大功能模块——水配置模块［以水资源通用配置与模拟软件（GWAS）模型为基础］与水经济模块（以 CGE 模型为基础）耦合运行的功能结构，初步设计了面向功能需求的系统界面与界面功能。

5.3.2　系统设计阶段

在系统设计阶段，深化了系统原型架构的设计，包括系统架构、模块划分、运行逻辑、数据结构、接口设计等，为系统详细设计提供基础。

①系统架构方面，以大数据平台为支撑，围绕信息服务、水循环、水配置、水污染、水经济业务开展全面服务与系统化支持。②模块划分方面，本次开发将水经济模块作为支持系统的核心模块，其与水配置模块耦合运行。③运行逻辑方面，水经济模块向水配置模块提供的不同政策作用下"水资源需求预测"结果作为配置依据，水配置模块向水经济模块提供的配置条件下分行业分水源的配水量作为"资源经济影响评估"的分析基础。④数据结构方面，水配置模块的数据结构较为成熟，在区域上有分行政区联合水资源区形成的计算单元，在行业上有农业、工业、第三产业、生活、生态等分项，在水源方面具有相当的自由度。水经济模块的数据结构需与水配置模块相呼应，并保持水经济模块精细的行业特征。数据结构包括基准定位、场景设计和结果分析 3 类，数据库包括计算单元、水源、社会发展、经济结构、用水结构、场景信息、社会政策、经济政策、用水政策、自定义政策、模型结果共计 11 个，收入数据类型 86 种。⑤接口设计方面，模块之间的关键数据接口是分区域分行业分水源的水量数据。

5.3.3 详细设计阶段

在详细设计阶段中，描述了实现具体模块所涉及的算法改进及程序调用关系。在基础数据的处理方面，为实现多元数据的聚合，需要在不同时间及空间尺度上对数据进行缩放以及修正，采用双比例尺度法（RAS）保证了数据的一致性，开发了分水源、分行业投入产出表更新迭代工具，同时考虑到用户的输入习惯等因素，开展了容错设计，满足海量数据高速精确处理的需求。

在水经济模块的生产结构方面，为了体现模型的通用性与普适性，开发了多水源自适应的扩展水资源模块生产结构，采用 CRESH 函数[①]改进了传统 CGE 模型的生产结构，其技术特色在于，水商品与水行业在模型中单列，解析了水资源与国民经济的联动效应；水商品嵌套 CRESH 函数结构，解析了用户对不同水源的用水偏好。

在程序调用方面，系统原型设计涉及调用的程序多数已经完成编译，虚拟机测试可运行，少数未完成的也有思路和方法，保证技术路线可行。

5.4 青岛供水效益测算

在构建工程效益评估 CGE 模型的基础上，以青岛为例，进行引黄济青工程青岛供水效

---

① CRESH 函数（constant ratio of elasticity of substitution homothetic function），一种常用的生产函数或效用函数形式，用于描述经济主体在不同投入或商品之间的替代行为。

益测算，对模型进行验证。为定量评估引黄济青工程的社会和经济影响，本研究通过改变流域供用水情况，设计多个政策情景方案，分析不同方案下的各经济指标的变化情况。

5.4.1　青岛一般均衡模型构建

1. 投入产出模型

将 2017 年山东 42 部门投入产出表中各部门的投入产出消耗系数作为主要数据基础，结合青岛经济统计数据，利用 RAS，率定模型中现状经济相关参数。为了更精简地反映青岛的主要经济特点，将投入产出表中的 42 部门依据国家统计局《国民经济行业分类与代码》（GB/T 4754—2017）合并为 13 部门。

在调水工程作用下，青岛水资源合理利用可以看作本地水与外调水总量的优化利用。根据青岛统计年鉴中水的生产与供应行业与其他各个行业的中间投入关系，依据研究区水源及可供水量的情况，以及青岛市水资源公报中引黄河水、引长江水、本地水源在生产与生活中的比例关系，建立水源替代模块，将单一商品"水"细分水源，将水的生产与供应部门拆分为引黄水、引江水、本地水 3 个部门，重新核算了细分的 3 个水行业在投入产出表中的价值量以及居民用水的价值总量，并认为这三类水之间有不同的替代关系。细化用水模块的各行业的生产模块结构见图 5-1。

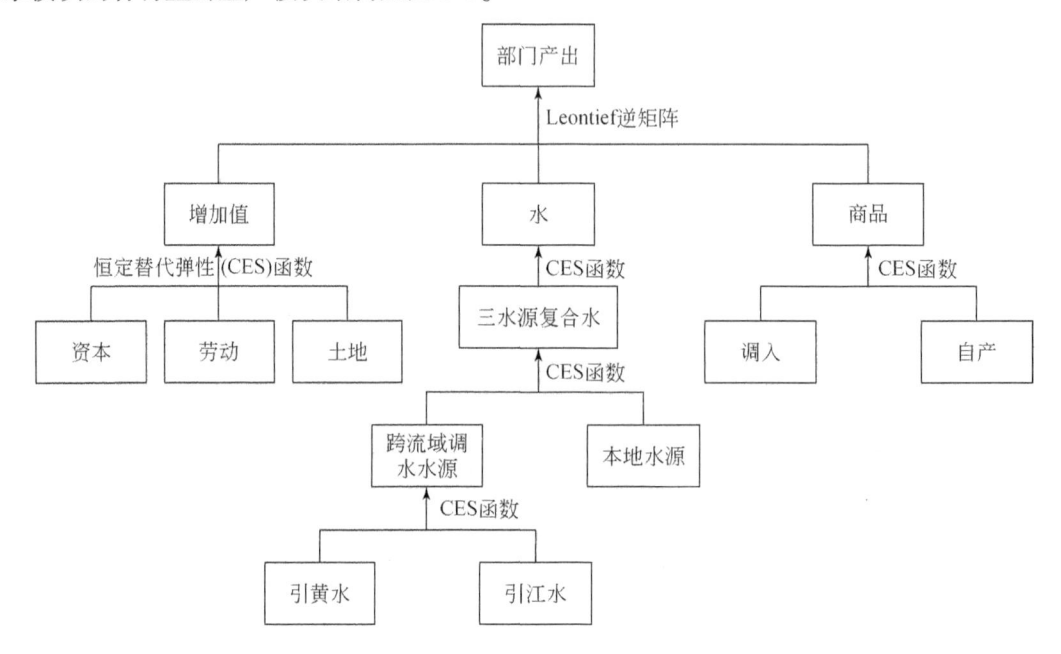

图 5-1　细化用水模块的各行业的生产模块结构

根据山东统计年鉴以及调研资料，为突出反映经济部门不同的用水性质、分类供水部门的经济贡献，编制了青岛 13 部门水资源投入产出表。

选定基准年为 2017 年，获取 2017 年的地区统计年鉴与最新编制发布的投入产出表，用统计年鉴中 2017 年的数据更新投入产出表。①关注统计年鉴中的总产值（总投入、总产出）、分行业增加值与构成，最终将合计与构成等数据填入投入产出表中。②用总投入减去增加值计算投入产出表中的中间投入合计值、用总产出减去最终使用部分计算中间使用合计值。③采用 RAS 计算器，根据原投入产出表的中间投入矩阵、中间使用矩阵，结合之前计算的合计值，推求精确的数据。

投入产出表的合并与拆分。①将投入产出表中的行业进行适当合并，简化模型计算量，降低模型出错概率。②将投入产出表中的水的生产与供应行业按研究区各类水源的价值量（水量乘以水价）进行拆分，细化供水行业的刻画。

2. 模型数据库构建

将投入产出表与前期收集到的经济数据写入 har 文件，借助构建工具生成模型数据库，并导入模型目录下的 har 文件内。

修改 RAWTIANJING-44sec.har。①检查待修改栏目。进入数据库生成工具目录，打开待导入的 har 文件，如 RAWTIANJING-44sec.har，需要修改的数据栏目包括 COLS、ROWS、COM、SEC、CAPR、CINV、VCAP、RAWIO、MBTC 等。②修改行业与栏目。根据投入产出表，在 COM 和 SEC 中调整栏目的数量与行业名称，MBTC 中为投入产出表中水行业以上的所有行业，COLS 和 ROWS 为投入产出表横纵列的栏目。之后对栏目进行调整，在栏目上右键选择 change set label 并选中上述对应项。③计算 CINV。取投入产出表中第二象限固定资本形成中非零的项目名称放入 CAPR 中。将 CINV 的数据标签（label）改为 CAPR，计算 CINV。取出 CAPR 对应的固定资本形成值为纵向数列 A，取出投入产出表中所有行业固定资产折旧和营业盈余为数列 B，计算每个行业的固定资产折旧和营业盈余总值为横向数列 C，计算所有行业的固定资产折旧和营业盈余总和为 S，将数列 C 的每项除以 S 得到数列 D，数列 A 与数列 D 相乘得到矩阵 E，将其存入 CINV 中。④修改 RAWIO。将投入产出表按照 COLS 和 ROWS 的格式放入 RAWIO 中，进口项 IMP 应为负值，矩阵右下角为零矩阵，检查横纵列平衡关系。

编辑模型文件夹下的 har 文件。用 RunDynam 程序解压模型压缩包，选中待解压的 zip 文件并定义纯英文解压目录。将 oranig-new.har 的内容写入前面解压出来模型目录中的 har 文件。

3. 模型参数率定

CGE 模型中存在的一系列需要率定的参数主要有两类：①份额参数，如进出口比例、中间投入份额等；②弹性参数，如居民消费的弗里希（Frisch）参数、生产函数的要素替代弹性、进出口的需求弹性等。常用的模型参数获取方法如下：计量经济学方法，即根据时间序列数据对参数值进行估计；校准法，通过对基准年数据的一致性校准获得参数值；经验法，参考其他学者的研究成果与经验估计，直接给参数赋值。份额参数可以从投入产出表或模型方程计算求得，弹性参数可根据历史统计数据进行推求。具体参数调整如下。

1) 劳动需求弹性 SLAB：采用中国社会科学院模型设定的参数 0.350。

2) 消费价格弹性：采用中国社会科学院中国 CGE 模型（PRCGEM）设定的参数 4。

3) Armington 弹性：采用 MONASH 模型和中国版 ORANI-G 模型的参数，对一些部门的数据进行加权平均计算。

4) 要素替代弹性：根据流域 2017~2021 年统计数据拟合得到。对于规模报酬不变的两要素 CES 函数：

$$Q = \gamma \left[\delta K^{-\rho} + (1-\delta) L^{-\rho} \right]^{-1/\rho} \tag{5-8}$$

式中，Q 为产出；K 为资本；L 为劳动力；δ 为份额参数；ρ 为替代参数。

$$\sigma = 1/1+\rho \tag{5-9}$$

式中，σ 为替代弹性。当 $\rho>0$ 时，两种要素之间的替代弹性小于 1，表示要素之间的替代相对困难；当 $\rho<0$ 时，两种要素之间的替代弹性大于 1，表示要素之间的替代相对容易。

由于水行业和第三产业缺乏数据，采用 MONASH 模型和中国版 ORANI-G 模型的参数。

5) CET 弹性、居民需求的支出弹性等，采用 MONASH 模型 China version of ORANI-G model 的参数。

参考数值如表 5-1、表 5-2 所示。

表 5-1　修改要素替代弹性的 Header 参考数值

部门	SIGMA1PRIM	部门	SIGMA1PRIM
农业	0.2391	工商业供水	1.0301
煤炭开采	1.056	住宿和餐饮业供水	1.0301
石油天然气	0.9107	行政事业供水	1.0301
金属矿采选业	1.089	居民供水	1.0301
非金属矿采	1.016	水处理	1.0301
食品饮料业	0.994	其他水	1.0301
烟草制造业	2.5464	建筑业	1.4
纺织业	1.2652	交通运输仓储	1.26
服装皮革	1.1323	邮政业	1.26
木材加工	1.056	信息软件	1.26

续表

部门	SIGMA1PRIM	部门	SIGMA1PRIM
造纸	1.228	批发零售	1.68
印刷	1.0749	住宿和餐饮业	1.68
石油加工	1.0159	金融保险业	1.68
化学工业	1.0387	房地产业	1.68
非金属矿物	0.5129	租赁商务	1.68
金属冶炼压延	1.1077	旅游业	1.68
金属制品业	1.0248	科学研究事业	1.26
通用专用设备	1.0362	综合技术	1.26
交通运输设备	1.0156	水利管理业	1.26
电气机械	1.0481	其他社会服务	1.26
通信电子设备	0.8419	教育事业	1.26
仪器仪表及办公	0.9161	卫生社会保障	1.26
其他制造业	0.5	文体娱乐	1.26
废品废料	1.0168	公共管理	1.26
电力热力	1.0222		

表 5-2 修改 Frisch 的 Header 参考数值

Frisch 参考值	经济状况
−10	经济困难
−4	比较穷困
−2	中等收入水平
−0.7	经济状况好
−0.1	富裕的

模型基准情景调参，包括产业增速设定、CIG（消费、投资、政府、出口、进口等）增速设定、用水增速设定、基准情景运行、基准结果调整等。

产业增速设定。根据已有的经济数据，计算各产业在投入产出表编制年份的增加值，以及三次产业在模拟期水平年以前的逐年实际增速、在模拟期水平年以后的逐年预测增速。

CIG 增速设定。计算消费、投资、政府、出口、进口在投入产出表编制年份的实际值，以及在模拟期水平年以前的逐年实际增速、在模拟期水平年以后的逐年预测增速。两项增速相互协调，保证 GDP 一致。模拟期末第三产业增加值应超过第二产业，消费与政府应超过投资。库存值为恒定。

用水增速设定。根据已有用水数据计算各水源各行业在投入产出表编制年份的用水量，以及三次产业在模拟期水平年以前的逐年实际增速。在预测期可以设置技术进步或者控制水量，也可以根据已有资料和如下假设进行推求：所有服务业、城镇公共用水、生活用水为自来水，工业部分使用自来水，污水处理使用再生水。

4. 模型基准情景设置

基准情景分析是政策分析的基础，基准情景是否合理对于模拟结果极为重要。基准情景首先应该根据研究需求确定行业类别，根据历史统计数据与经济发展情况，刻画社会经济发展轨迹。本研究模型社会经济数据来源有2017~2020年青岛统计年鉴、2017~2020年青岛市国民经济和社会发展统计公报、2017年山东省投入产出表等；供用水数据来源有2017~2020年青岛市水资源公报等。2017~2020年主要根据青岛实际的经济社会发展情况为模型变量赋值。

2017年青岛全市地表水资源量为8.989亿 m^3，相应年径流深为84mm，比2016年径流量偏多147.9%，比多年（1956~2016年）平均径流量偏少41.7%。全市地下水资源量为6.393亿 m^3，比多年（1980~2010年）平均值偏少33.2%。水资源总量为12.78亿 m^3，比多年（1956~2016年）平均值偏少40.5%。

2017年青岛全市总供水量为9.44亿 m^3。其中，地表水源供水量为6.05亿 m^3，占总供水量的64.09%；地下水源供水量为2.45亿 m^3，占总供水量的25.95%；其他水源供水量0.94亿 m^3，占总供水量的9.96%。全市总用水量为9.44亿 m^3。按居民生活用水、生产用水、生态环境补水划分，居民生活用水占33.47%，生产用水占57.95%，生态环境补水占8.58%。在生产用水中，第一产业用水（包括农田、林地、果地、草地灌溉及渔塘补水和牲畜用水）2.26亿 m^3，占总用水量的23.94%，第二产业用水（包括工业用水和建筑业用水）2.28亿 m^3，占总用水量的24.15%，第三产业用水（包括商品贸易、餐饮住宿、交通运输、机关团体等各种服务行业用水）0.93亿 m^3，占总用水量的9.85%。

青岛2017~2020年供用水数据见表5-3和表5-4。

表5-3 青岛2017~2020年供水数据 （单位：万 m^3）

年份	地表水源	地下水源	其他水源	总供水量
2017	60 491	24 550	9 347	94 388
2018	62 366	24 123	6 830	93 319
2019	64 212	22 164	5 468	91 844
2020	69 020	21 520	9 992	100 532

表 5-4　青岛 2017~2020 年用水数据　　　　　　　　　（单位：万 m³）

年份	农田灌溉	林牧渔畜	工业	城镇公共	居民生活	生态环境	用水总量
2017	19 258	3 258	21 424	10 739	31 619	8 090	94 388
2018	19 466	3 905	21 275	10 019	32 265	6 389	93 319
2019	21 668		19 075	10 727	33 179	7 195	91 844
2020	25 353		20 551	11 303	34 550	8 775	100 532

表 5-5 为 2006~2020 年引黄济青项目向青岛的供水量，其中，2016 年统计数据中提供了长江供水量。引黄济青工程向青岛供水量最高的年份是 2016 年，当年向青岛供水 4.72 亿 m³，保证了青岛 50.64% 的用水，其中，向青岛内三区供水 2.2549 亿 m³，保证了市内三区 92.7% 的用水。上述数据说明引黄济青工程为青岛经济和社会发展提供了坚实有力的保障。

表 5-5　2006~2020 年引黄济青供水量

年份	引黄供水量/亿 m³	引江供水量/亿 m³	跨流域调水量/亿 m³	供水量占比/%
2006	1.04		1.04	9.58
2007	1.03		1.03	10.76
2008	0.55		0.55	5.65
2009	0.62		0.62	6.29
2010	1.21		1.21	12.83
2011	1.46		1.46	14.48
2012	1.63		1.63	16.62
2013	2.08		2.08	19.64
2014	2.08		2.08	19.44
2015	3.21		3.21	36.64
2016	3.32	1.40	4.72	50.64
2017	0.63	3.83	4.46	47.25
2018	1.18	2.85	4.03	43.19
2019	1.35	2.67	4.02	43.79
2020	1.34	1.43	2.77	27.56

5. 模型政策情景设置

为定量评估流域调水政策对经济的影响，通过改变调水供水量设计政策情景方案，分析不同政策下的用水效率和用水效益等的变化情况。在水资源配置方面，坚持优先利用外调水，以本地其他水源如再生水补充本地地表水和地下水不足，实现社会经济与生态环境效益双赢。在各行业用水结构方面，以《青岛市落实国家节水行动方案实施意见》《关于实施黄河流域深度节水控水行动的意见》等为依据，调整各行业用水量，限制特定高耗水低效能行业的发展，促进水资源集约节约利用，加速高精尖经济结构的建设。

本研究通过调整引黄水流域外调水供水量调整青岛供用水结构，设置多个政策情景方案。在基准情景的基础上，假设各年均没有引黄济青工程供水，通过两个情景的对比分析考察引黄济青供水对青岛社会经济产生的直接影响与间接影响。

5.4.2 青岛供水效益分析

水资源是人类社会发展必不可少的基础物质资料，是一种重要的战略性资源，关系经济社会发展的各个领域。水资源的利用效率和效益与经济存在一定正向关系，因此从经济系统角度分析各产业与行业用水效率与效益，就要对青岛 CGE 模型结果进行水资源投入产出分析。用水效率、用水效益是反映国民经济行业用水特性的指标。

从 CGE 模型的生产函数可以看出，当某种水商品的投入量减少时，市场内的需求暂时不变化，导致该水商品供不应求，一方面其价格会上升，另一方面其他存在替代关系的水商品产生替代作用，其他水商品的使用量会增加，进而对生产决策产生影响，影响行业总产出，最终影响某行业产品供需关系，价格发生变动，进一步影响居民消费。供水约束即限制水资源供应量，对水资源依赖程度高的大行业即高用水行业生产受到的影响最大，将引起产业结构调整，如图 5-2 所示，这也体现了 CGE 模型"牵一发而动全身"的整体性。

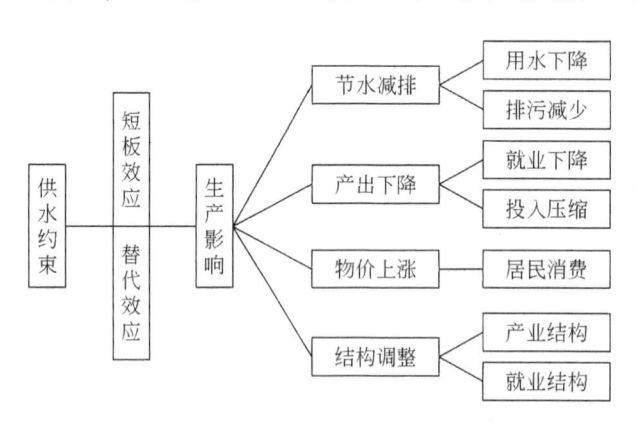

图 5-2 供水约束的经济影响传导机制

1. 用水效率

用水效率可通过用水系数反映，可用直接用水系数、完全用水系数、增加值用水系数等指标分析。本研究采用直接用水系数指标反映流域用水效率，可用万元增加值用水量表示，反映某经济产业单位经济产量所需水资源的直接取用程度。本研究采用万元 GDP 用水量指标，该指标值越小，用水效率越高。

万元 GDP 用水量是国内外现行的衡量用水效率的重要指标之一，而用水效率与国家经济水平关系密切。在区域、城市或行业用水水平综合评价体系中，万元 GDP 用水量经常是一个权重相对较高的指标。万元 GDP 用水量越低，宏观用水效率越高，国家经济水平就越高。

万元 GDP 用水量为用水总量与 GDP 的比值，其中，GDP 的单位为亿元，用水总量的单位折算成万 m^3。参考有关研究对联合国粮食及农业组织、世界银行等权威数据源的分析，2020 年，34 个高收入国家万元 GDP 用水量平均值为 $26.3m^3$，14 个中高等收入国家万元 GDP 用水量平均值为 $76.7m^3$，12 个中低等收入国家万元 GDP 用水量平均值为 $424.3m^3$。

第 j 行业万元增加值用水量为

$$Q_j = \frac{W_j}{X_j}(j=1,2,\cdots,n) \tag{5-10}$$

式中，W_j 为第 j 行业直接用水量；X_j 为第 j 行业的增加值。

由表 5-6 可知，2017～2020 年全行业及三次产业万元增加值用水量基本呈逐年降低趋势。各行业万元增加值用水量即行业的直接用水系数相差非常大，第一产业的直接用水系数最高，远高于第二产业和第三产业，第二产业略低于第三产业。最低值是第二产业，2017～2020 年平均值为 $4.46m^3$/万元；最高值是第一产业，2017～2020 年平均值为 $53.18m^3$/万元，后者是前者的近 12 倍。结果表明，农业生产用水效率仍有提升空间，也表明在严重资源型缺水区域，需要调整当前的产业用水比例，优化产业结构。

表 5-6　2017～2020 年万元增加值用水量　　　　　　　　　（单位：m^3）

年份	全行业	第一产业	第二产业	第三产业
2017	7.81	55.82	4.69	6.97
2018	7.60	54.38	4.57	6.79
2019	7.08	50.77	4.25	6.32
2020	7.26	51.75	4.34	5.64

2. 用水效益

用水效益可通过与用水系数相对应的产出系数反映，可用直接产出系数、完全产出系数、单位用水的增加值系数指标分析。本研究采用直接产出系数指标反映用水效益，用某经济行业每立方米用水量产值或增加值表示，反映经济行业生产用水的直接经济效益。本研究采用每立方米用水量产值指标，该指标值越大，用水效益越高。

某经济行业直接产出系数为该行业每立方米用水量产值或增加值，可以反映经济行业生产用水的直接经济效益。每立方米用水量产值表征水资源集约利用水平，根据流域 GDP 与用水量比值计算。基准值取高收入国家用水水平中位数万美元用水量（130m³），折合每立方米水 GDP 产出 531 元。

第 j 行业用水产值产出系数为

$$O_j = \frac{X_j}{W_j} = 10\,000/Q_j (j=1,2,\cdots,n) \tag{5-11}$$

式中，X_j 为第 j 行业的总产出；W_j 为第 j 行业用水量。

从整体来看，第一产业直接产出系数远低于第二产业和第三产业。各行业每立方米用水量产值即行业的直接产出系数相差非常大，第一产业的直接产出系数最低，远低于第二产业和第三产业，第二产业略高于第三产业。最高值是第二产业，2017~2020 年平均值为 2245.10 元；最低值是第一产业，2017~2020 年平均值为 188.31 元。综合考虑评价年及近几年平均每立方米用水量增加值的变化情况，2017~2020 年平均每立方米用水量产值为 1346.10 元，是高收入国家基准值的 2.5 倍（表 5-7）。

表 5-7　2017~2020 年每立方米用水量产值　　　　　　　　（单位：元）

年份	全行业	第一产业	第二产业	第三产业
2017	1280.07	179.14	2130.57	1435.11
2018	1315.12	183.90	2190.42	1473.71
2019	1411.86	196.95	2352.84	1581.73
2020	1377.35	193.23	2306.55	1773.22

3. 经济影响

本研究选用 GDP 与产业结构两个指标表征青岛引黄济青供水变化对经济的影响。

（1）GDP

在 CGE 模型中，通过生产函数间接支持收入法计算：$Y = 1/A \cdot F(K, L)$，其中，Y 表示总产出（内生变量，由模型内部机制决定，反映经济系统的整体产出），A 表示技术进步（本案例认为技术进步基本不发生变化），K 表示资本（假设土地仅占 GDP 的一小部分或嵌入在资本中），L 表示劳动力，可以看出，实际 GDP 等于劳动力和资本的加权总和。随着引黄济青工程供水的减少，市场上水资源供不应求，水价上升。由于本案例所构建的 CGE 模型加入了水源替代模块，允许各类水源之间、水商品与要素之间相互替代，生产者会购买节水设备，以减少用水量，企业生产成本提高，投资回报率下降，进而导致资本减少，就业水平下降。因此，GDP 受资本与就业的双重影响，呈下降趋势。

如图 5-3 所示，随着每年引黄水减少量的逐渐增加，对 GDP 的影响更加明显。当 2017 年引黄济青供水量全部减少时，GDP 减少 3.89%，相当于引黄济青工程供水拉动青岛 GDP 增加 394.09 亿元。

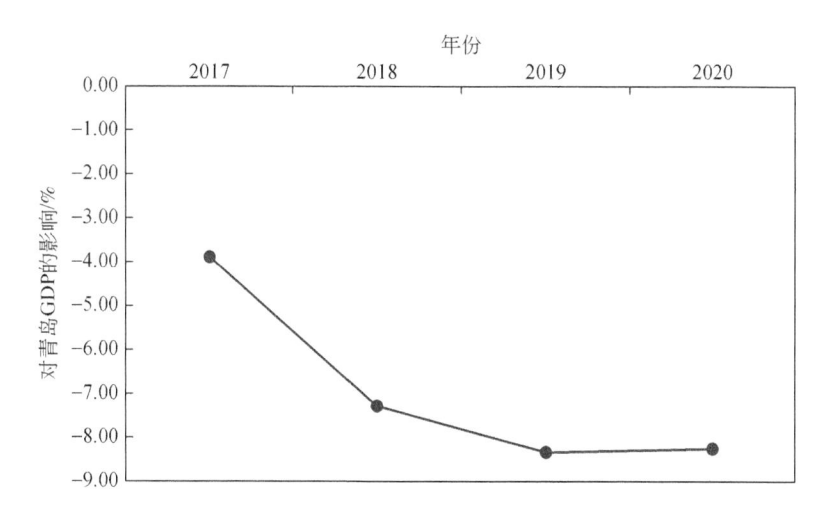

图 5-3 引黄济青工程供水对青岛 GDP 的影响

（2）产业结构

政策情景下随着每年引黄济青供水量的减少，各行业用水成本上升，生产情况发生变化，见表 5-8。对水依赖程度高的行业即高用水行业受到的影响最为明显，其总产出下降最多。政策情景下，以 2017 年为例，第一产业增加值占 GDP 的比例减少 0.25%、第二产业增加值占 GDP 的比例增加 1.03%、第三产业增加值占 GDP 的比例减少 0.78%。

表 5-8　基准情景与政策情景下产业结构变化情况　　（单位:%）

行业	基准情景				政策情景			
	2017 年	2018 年	2019 年	2020 年	2017 年	2018 年	2019 年	2020 年
农业	3.65	3.65	3.64	3.66	3.40	3.16	3.08	3.10
一般用水工业	13.58	13.62	13.66	13.76	14.00	14.44	14.61	14.71
高用水工业	22.20	22.16	22.11	22.28	22.82	23.36	23.50	23.66
建筑业	5.45	5.48	5.50	5.43	5.44	5.45	5.47	5.40
一般服务业	41.45	41.35	41.24	41.00	41.31	41.09	40.95	40.71
高用水服务业	13.67	13.74	13.85	13.87	13.03	12.50	12.39	12.42

(3) 供用水影响

本案例所构建的 CGE 模型加入了水源替代模块，允许各类水源之间相互替代，当引黄水减少时，其他两类水源使用量会呈上升趋势，如图 5-4 所示，政策情景下本地水使用量较基准情景增加最多（2017 年增加了 0.33 亿 m³），其次为引江水。

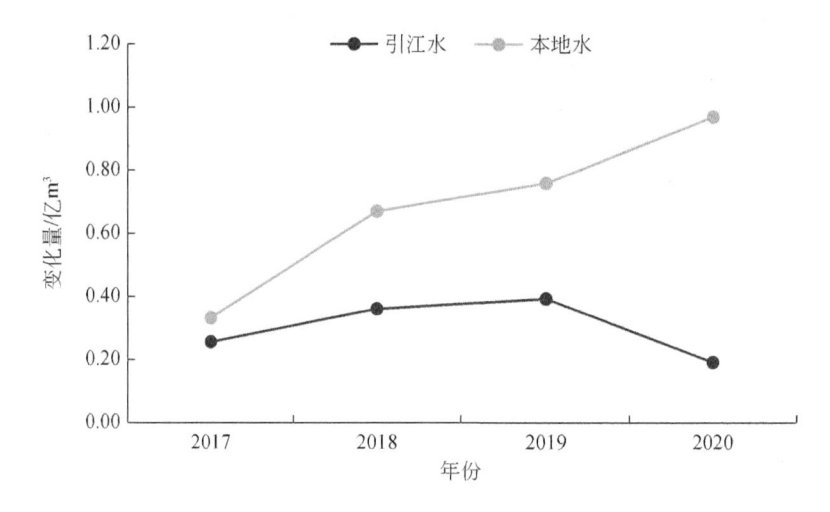

图 5-4 政策情景下分水源供水量较基准情景的变化量

(4) 引黄供水对 GDP 的贡献

根据本案例所构建的 CGE 模型结果，绘制出青岛引黄水量对 GDP 的贡献量关系曲线，如图 5-5 所示。青岛引黄水量对 GDP 的贡献公式大致为

$$y = 777.59 \times \ln x + 740.76 \tag{5-12}$$

式中，x 为引黄水量，亿 m³；y 为引黄水量对青岛 GDP 的贡献，亿元。

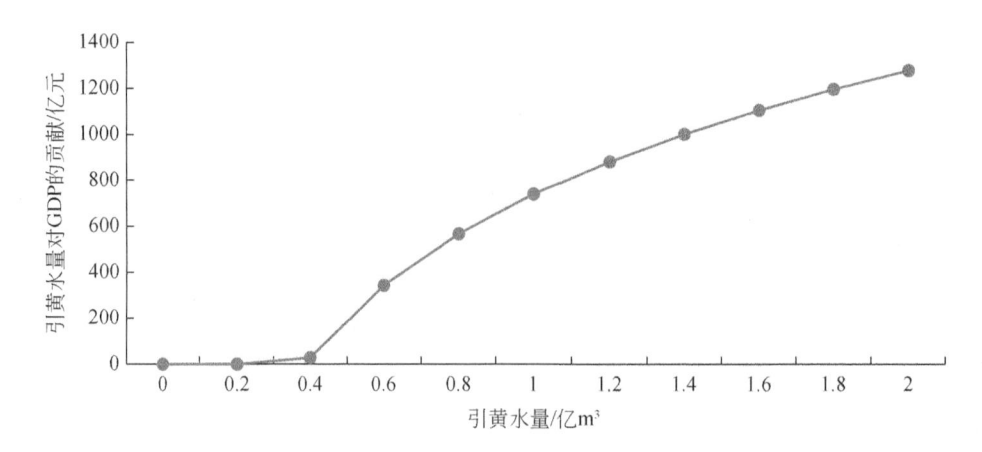

图 5-5 青岛引黄水量对 GDP 的贡献关系曲线

5.5 小　　结

通过 CGE 模型模拟分析引黄济青工程对青岛社会经济、供用水的影响，得出以下结论。

基准情景下，青岛引黄水量占跨流域调水量的 14.1%，占总用水量的 6.7%。政策情景下，随着引黄供水量减少，引江水与本地水源水量占比呈上升趋势。GDP 受资本与就业的双重影响，呈下降趋势。若无引黄济青工程供水，以 2017 年为例，青岛 GDP 将减少 3.89%，相当于 GDP 损失 394.09 亿元。第一产业增加值占 GDP 的比例减少 0.25%、第二产业增加值占 GDP 的比例增加 1.03%、第三产业增加值占 GDP 的比例减少 0.77%。引黄济青工程供水对青岛本地水的替代作用最为明显，其次为引江水。建议用引黄济青外调水源置换本地用水量，合理开发利用地表水资源，控制地下水开采量，减少地下水利用，实现多种水源联合运用。

本章仅讨论引黄济青工程供水对青岛社会经济的影响，不考虑工程与输水线路的建设与运营成本。本章应用 CGE 模型定量评估引黄济青工程的社会经济影响，但引黄济青的生态环境效益、政治价值与文化价值也不容忽视，这三部分应纳入引黄济青工程的综合效益研究中。

第6章　综合水价形成机制及测算模型

6.1　大型基础设施网络定价机制借鉴

6.1.1　电网

1. 电价形成机制

电力系统庞大复杂，电由电厂发出，需经过输电网传输和配电网一级变压分配才能最终到达千家万户、农田、工厂。电力系统沿着这一流程可分为发电、电网、用户三部分，由此产生电力接入主网的上网电价、电网传输和分配的输配电价，以及针对各类用户的销售电价。其中，上网电价根据不同类型发电方式分区域进行定价，采用分电源综合定价；输配电价按照区域分别定价，将采用输配电网综合定价；销售电价则依据用户分类进行定价，不区分电源与输配线路差异，只面向用户实施分类定价。

(1) 上网电价

上网电价是指发电企业与购电方进行上网电能结算的价格。在逐步建立区域竞争性电力市场并实行竞价上网后，参与竞争的发电机组主要实行两部制上网电价。其中，容量电价由政府价格主管部门制定，电量电价由市场竞争形成。容量电价逐步过渡到由市场竞争确定。

(2) 输配电价

输配电价指电网经营企业提供接入系统、联网、电能输送和销售服务的价格总称。输配电价由政府制定、实行统一政策、分级管理。电网输电业务、配电业务逐步在财务上实行独立核算。在成本加收益管理方式下，政府价格主管部门对电网经营企业输电业务、配电业务总体收入进行监管，并以核定的准许收入为基础制定各类输配电价。

按电力企业为购电企业提供的服务类型，输配电价可以分为共用网络输配电服务价格、专项服务价格和辅助服务价格三类。

(3) 销售电价

销售电价是电网经营企业对终端用户销售电能的价格，由购电成本、输配电损耗、输配电价及政府性基金四部分构成。其中，购电成本指电网经营企业从发电企业（含电网经营企业所属电厂）或其他电网购入电能所支付的费用及依法缴纳的税金，包括所支付的容量电费、电量电费。销售电价实行政府定价、统一政策、分级管理。

2. 电价改革历史

从1996年设立国家电力公司开始，电价的改革一直沿着"管住中间、放开两头"的大方向推进，一直在向实现厂网分离、输配环节以外电价通过市场竞争决定的目标不断深入（图6-1）。

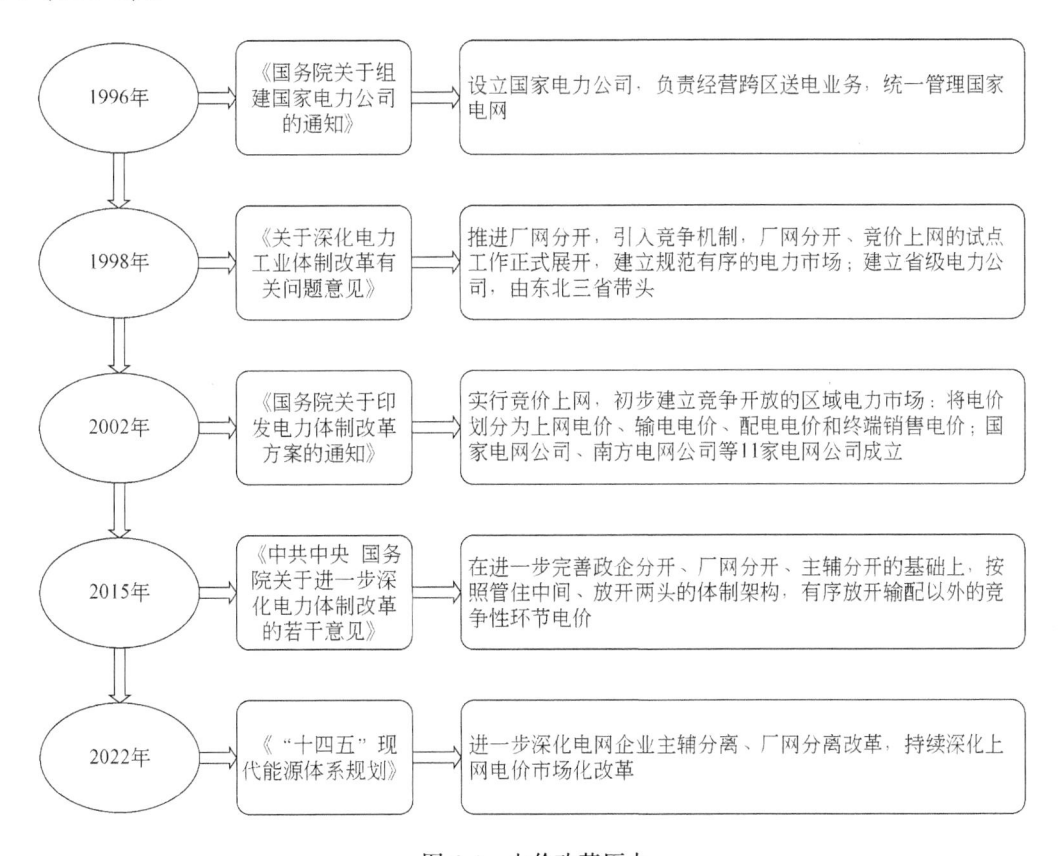

年份	文件	内容
1996年	《国务院关于组建国家电力公司的通知》	设立国家电力公司，负责经营跨区送电业务，统一管理国家电网
1998年	《关于深化电力工业体制改革有关问题意见》	推进厂网分开，引入竞争机制，厂网分开、竞价上网的试点工作正式展开，建立规范有序的电力市场；建立省级电力公司，由东北三省带头
2002年	《国务院关于印发电力体制改革方案的通知》	实行竞价上网，初步建立竞争开放的区域电力市场；将电价划分为上网电价、输电电价、配电电价和终端销售电价；国家电网公司、南方电网公司等11家电网公司成立
2015年	《中共中央 国务院关于进一步深化电力体制改革的若干意见》	在进一步完善政企分开、厂网分开、主辅分开的基础上，按照管住中间、放开两头的体制架构，有序放开输配以外的竞争性环节电价
2022年	《"十四五"现代能源体系规划》	进一步深化电网企业主辅分离、厂网分离改革，持续深化上网电价市场化改革

图6-1 电价改革历史

6.1.2 天然气网

1. 天然气网现行定价机制

通常地，天然气从开采到最终用户使用经历采气、净气、输气、储气和配气五大环节。天然气产业链分为上游勘探生产、中游输运以及下游分销三部分,为此对应构建矿区集气管网、干线输气管道和城市配气管网天然气利用系统三大管网。天然气的价格主要可以分为上游价格、中游价格和下游价格三部分。

(1) 上游价格

上游价格指天然气的出厂价,是天然气生产企业销售给管网公司的价格,主要包括井口价、集输费和净化费。目前,我国的天然气上游价格主要采取市场净值法确定。根据气源及生产成本确定天然气的出厂价。天然气的气源主要分为国产气、进口管道气、进口液化天然气(liquefied natural gas, LNG),国产气开采成本最低,不同品种集中在 0.7~1.1 元/m³。进口管道气,尤其是中亚气成本略高,近年来集中在 1.3~1.5 元/m³。进口 LNG 成本最贵,近年来集中在 1.9~2.1 元/m³。

(2) 中游价格

中游价格主要是指输运天然气产品所需的费用,主要包括天然气管道输运费、LNG 罐容费以及储气费等。按照《天然气管道运输价格管理办法(暂行)》,以准许收入为基础计算得到中游价格。全国不同地区的天然气管道输运系统由不同的管输公司分管,例如陕京线的天然气输运由国家管网集团北京管道有限公司负责,而西三线的天然气输运由中石油西北联合管道有限责任公司负责,管输公司主要对天然气的管道输送以及管输费用的收取负责。

(3) 下游价格

下游价格主要是指城市燃气经营企业销售给城市燃气用户的价格。随着国家对天然气中上游价格改革的逐步推进,天然气门站价的灵活性增强,下游城市燃气的定价主要依赖价格听证会制度。天然气管网下游价格(销售价)指城市天然气经营企业利用城市配气管网销售给城市燃气用户的价格。我国城市天然气销售价格由天然气气源采购价格、省内管道输运价格和城市燃气配气价格三部分构成。我国城镇管道天然气配气价格实行政府定价制度,配气价格按照"准许成本加合理收益"的原则制定,即通过核定城镇管道燃气企业的准许成本,监管准许收益,考虑税收等因素确定年度准许总收入,再除以年度配送气量确定配气价格。各地可在合理分摊成本的基础上,制定居民配气价格和各类非居民配气价格。非居民配气价格可按气量进行分类,最多不超过三类。

2. 天然气网定价改革历史

天然气的改革从 2005 年将天然气出厂价改为统一执行政府指导价开始,以"管住中间、放开两头"为大方向,一步步形成上下游市场化的竞争性环境,不断健全中游管输业务的价格监管体系。最终目标是实现管输和配售分开,促进天然气配售环节公平竞争(图 6-2)。

第 6 章 综合水价形成机制及测算模型

```
2005年 → 《国家发展改革委关于改革天然气出厂价格形成机制及近期适当提高天然气出厂价格的通知》 → 天然气出厂价格最终应通过市场竞争形成，将天然气出厂价格改为统一实行政府指导价

2012年 → 《天然气发展"十二五"规划》 → 通过探矿权招标试点，推动上游市场改革；在管输和配气领域以新疆煤制气外输管道为试点，探索天然气供应业务分离的有效途径

2016年 → 《天然气发展"十三五"规划》 → 有序放开竞争性业务，发挥市场对资源配置的决定性作用；推动天然气管网运输和销售分离；建立完善上中下游天然气价格联动机制；加大天然气下游的开发培育力度，形成终端市场的竞争环境

2017年 → 《关于深化石油天然气体制改革的若干意见》 → 推进国有大型油气企业干线管道独立，实现管输和销售分开；促进天然气配售环节公平竞争；按照"准许成本加合理收益"原则科学制定管道运输价格

2021年 → 《国家发展改革委关于"十四五"时期深化价格改革行动方案的通知》 → 按照"管住中间，放开两头"的改革方向，推进天然气门站价格市场化改革，完善终端销售价格与采购成本联动机制；制定新的天然气管道运输定价办法，进一步健全全价格监管体系
```

图6-2 天然气价格改革历史

6.1.3 路网

1. 路网现行定价机制

路网是指在全国或一个地区，根据交通输运的需要由各级公路组成一个四通八达的网状系统。我国实施对部分公路收费，依据《中华人民共和国公路法》和《收费公路管理条例》的规定，依法收取车辆通行费，这是一种通过对公路使用者直接收取车辆通行费来补偿公路建设及维护投资的成本回收方式。公路收费方式主要有计重收费和分车型收费两种收费方式。

(1) 计重收费方式

计重收费是借助动态称重系统根据货车质量及收费标准确定费用总额，按照标准车型、标准装载、标准收费原则实施的一种公路通行费征收方式。通常情况下，计重收费主要针对货车。

(2) 分车型收费方式

分车型收费是根据车辆的几何尺寸、轴数、高度等判别因素将通行车辆划分为多个类型，并以此为依据征收通行费的方式。一般来讲，客车常使用此类收费方式。2020年1月1日零时起取消全国高速公路省界收费站，全国高速公路统一执行《收费公路车辆通行费车型分类》（JT/T 489—2019），调整货车计费方式，实行按车（轴）型收费，货车也由计重收费改为分车型收费。分车型收费主要采用"计程收费、按次收费"的方式。"计程收费"是按照不同类型车辆收费费率标准与行驶距离向车辆收取车费的收费方式；"按次收费"则是按照车辆进入高速公路收费口的次数进行收费的收费方式，机场高速通常按这种方式计费。

将我国各省（自治区、直辖市）高速公路收费费率进行统计归纳后可以发现，我国各省（自治区、直辖市）高速公路收费费率在 0.25~0.6 元/km 浮动，其中，吉林和新疆选取最低值，上海选取最高值。对于比例较高的二型车，公路收费费率的取值范围在 0.37~1.0 元/km 浮动，新疆选取最低值，北京选取最高值。对于不同类型的客车与货车，在公路收费费率的基础上设置不同的收费系数。

2. 路网收费机制改革历史

回顾高速公路联网收费发展历程，可以将其归纳为省域或者省内区域联网收费、跨省（自治区、直辖市）国道主干线联网收费和目前正在进行的跨省（自治区、直辖市）区域经济圈联网收费3个阶段。省域联网收费以浙江为例，将全省高速公路作为一个路网实施联网收费，成立事业性质的联网收费管理中心，负责全省高速公路收费的结算与划拨等技术服务，采用以非接触式 IC 卡为核心的人工半自动联网收费技术，研发统一的联网收费软件，任何一笔通行费收入在 48h 内被拆分划账到各路段公司的财务账号内，出行者一卡在手走遍浙江。省内区域联网收费的典型代表是江苏、广东等省（自治区、直辖市）。江苏以长江为界，利用长江上的一些主线站将全省高速公路分为苏南、苏北两个区域实施联网收费，由各路段业主联合成立具有行业协会性质的联网收费管理委员会来共同管理路网内的具体事务，并分别成立了苏南、苏北联网收费管理中心，采用以非接触式 IC 卡为核心的人工半自动联网收费技术。跨省（自治区、直辖市）国道主干线联网收费以京沈高速公路联网收费示范工程为例，按照"全线联网、分区结算"的方案，将包含京沈河北廊坊段在内的 5 个路段组成一个收费路网实施联网收费，成立京沈联网收费结算中心，撤销了两个省界主线站，不仅突破建管体制的限制，还突破了行政区划的限制。

其中，使高速公路收费制度正式突破建管体制的限制，向"路网"方向建设迈出一大步的改革是 2000 年 10 月实施的《高速公路联网收费暂行技术要求》，该文件对国内联网收费起到了极大的促进作用，基本解决了高速公路联网收费中"一事一议"的弊端，突破了建管体制的限制，实现了省域或者省内区域联网收费。2023 年 5 月，交通运输部发布公告，全国高速公路省界收费站将全面取消。这一政策的实施将极大地提高高速公路的通行效率，降低物流成本，为交通网畅行再添新动力。

6.1.4 借鉴与启示

通过研究天然气网以及电网的定价经验，发现它们价格的组成可以主要概括为三类，主要包括资源环节的基本上网费用、输运环节的输运费用以及最后环节的分销费用。价格形成机制改革方向是"管住中间、放开两头"。因输运环节具有一定的垄断性特点，需要政府参与管制，而输配以外环节的价格都在向市场化的方向改革。改革的最终目标都是实现输运环节只对资源的输运负责，只收取输运费用，其余环节的价格在市场的竞争中形成，市场化使用户可以选择更为优质且低价的资源进行使用。与电网、天然气网类似，路网定价中关于高速公路输运费的收费过程也同样要接受政府的监督。与电网、天然气网改革历程不同的是，高速公路关于收费制度的成网化历程进展比较迅速，从 2000 年开始，至今已经完成了跨省（自治区、直辖市）的联网收费。综合天然气网、电网以及路网的改革经验以及现状水价制定过程中存在的不足，建议水网价格的制定可以从价格构成和管理体制两方面考虑。

参考电、天然气的价格构成。电价、天然气价都是由三部分费用组成的。水网的综合价格也可以分源头供应商进行收取的基本水费、输运部门收取的输运费用以及分销部门的分销费用三大部分制定。输运部门由政府进行统一管理并进行监管，而其余的价格通过市场调控，供应商和分销商可以在这个水资源市场中进行交易，自由选择优质价低的水源，通过签订长期的合同确定长期的合作水价。

参考路网管理体制。水网工程建成以后，各地的水资源都汇入水网内接受调度，各行政区负责水资源管理的机构对水资源的管理标准和收益诉求又各不相同，沿用常规的水价形成机制会使各管理部门之间产生许多不必要的矛盾，也不便于水资源在水网上的调度流动。因此，对水网价格进行统一管理，确定水网价格的统一标准，对水网综合水价突破建管体制的限制，实现省域或者省内区域联网收费显得尤为重要。建议参考高速公路输运费的成网化进程，先建立统一的联网收费标准，成立事业性质的联网收费管理中心，研究引入人工半自动联网收费技术，研发统一的联网收费软件，使任何一笔水费的收入在短时间内被拆分划账到各路段公司的财务账号内，先实现省内区域水费联网。到进一步在各行政区之间联合成立具有行业协会性质的联网收费管理委员会来共同管理水网内的具体事务，按照"全线联网、分区结算"的方案，突破行政区的限制，实现跨省（自治区、直辖市）的水费结算。通过一步步改革最终能够实现全国水利工程联网收费。

综上所述，电网、天然气网、路网的定价机制及改革方向框图见图6-3。

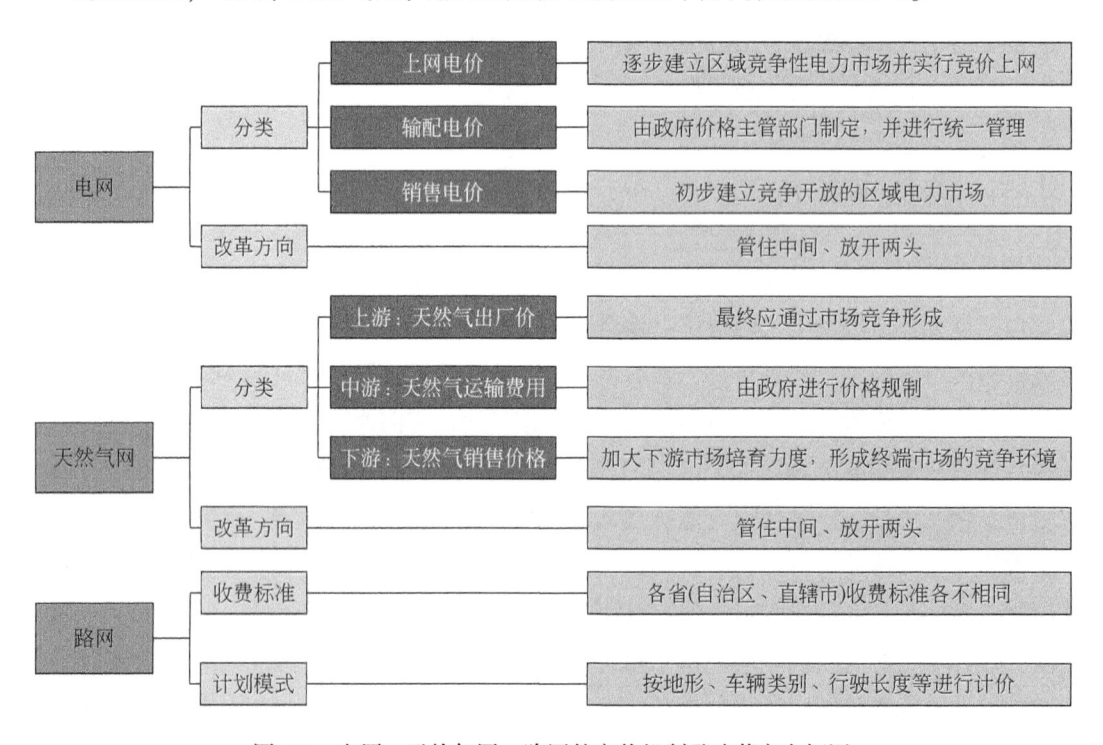

图6-3 电网、天然气网、路网的定价机制及改革方向框图

- 电网
  - 分类
    - 上网电价：逐步建立区域竞争性电力市场并实行竞价上网
    - 输配电价：由政府价格主管部门制定，并进行统一管理
    - 销售电价：初步建立竞争开放的区域电力市场
  - 改革方向：管住中间、放开两头
- 天然气网
  - 分类
    - 上游：天然气出厂价：最终应通过市场竞争形成
    - 中游：天然气运输费用：由政府进行价格规制
    - 下游：天然气销售价格：加大下游市场培育力度，形成终端市场的竞争环境
  - 改革方向：管住中间、放开两头
- 路网
  - 收费标准：各省(自治区、直辖市)收费标准各不相同
  - 计划模式：按地形、车辆类别、行驶长度等进行计价

6.2 水网工程特征及分类分析

6.2.1 水网工程特征

水网与交通输运网、能源网和通信网并列为影响现代社会人类生活的四大基础设施网络。水网工程是以自然河湖为基础，以引调排水工程为通道，以调蓄工程为节点，以智慧调控为手段，集水资源优化配置、流域防洪减灾、水生生态系统保护等功能于一体的综合工程体系。水网工程是由不同层级的多个水利工程交织连成网状，能够实现多水源取水、多路径输水、多模式管理、多区域供水、多目标用水的系统供水工程，这也是水网工程不同于一般供水工程的主要特点。

1. 多水源取水

水网工程的运行打破了流域水系的自然封闭状态，实现了跨流域、跨区域多水源取水格局，将流域或区域外的各外调水源与本地各类水源相互融合、互为补充、统筹利用，共同为本地用户生产生活及生态用水提供保障。

2. 多路径输水

水网工程达到由不同层级的多个水利工程交织连成网状，届时将同路网一样在通往目的地的过程中存在多路径的选择，输水线路不再唯一，不同输水线路输水成本与输水效率也将存在差异。

3. 多模式管理

单个水利工程水资源配置系统相对封闭，工程运行管理执行独立的或事业或企业管理模式，与供水工程建设投资主体相关，并且相对单一。而水网工程水资源配置系统相对开放，不同线路的供水工程由各自独立的模式进行管理，进而构成的水网工程呈现多模式管理的方式。

4. 多区域供水

水网工程为了充分发挥工程的效益通常建设线路相对较长，途经多个区域，尤其是跨省、跨区域的骨干供水工程，建成运行后通过水网工程的科学调度、全过程的管理同时为多个区域提供供水服务，实现综合效益最大。

5. 多目标用水

为解决区域水资源短缺问题，建设的跨流域、跨区域水网工程通过长距离输水为沿线区域提供生产生活和工农业用水，必要情况下为改善区域生态环境，通过水网工程供水置换原有地下水取水，或者直接为生态需求补水，实现水网工程的多目标用水供给。

水网工程多水源取水、多路径输水、多目标用水的系统供水特征有别于一般的水利工程供水，随着我国水价制度的改革，需要创新水网工程水价形成机制，探索区域综合定价，研究实现全社会的帕累托最优、科学合理可持续的利益分享机制。

6.2.2 水网工程分类

根据调水工程骨干供水线路及供水水源的复杂程度，可以将水网工程分为初级、中级、高级三类（表6-1）。其中，骨干调水工程只包含一个供水线路且主要供水水源单一的调水工程为初级水网工程（图6-4）。骨干调水工程包含两个有交叉的供水线路且有多个供水水源的调水工程为中级水网工程（图6-5）。骨干调水工程包含三个及三个以上有交叉的调水线路且有多个供水水源的调水工程为高级水网工程（图6-6）。

表6-1 三类水网工程特点

水网工程	骨干供水线路特点	供水水源数量	工程网络化程度
初级水网工程	单一清晰	单一	低
中级水网工程	两个有交叉	多个	中
高级水网工程	三个及三个以上有交叉	多个	高

图6-4 初级水网工程图

图 6-5　中级水网工程图

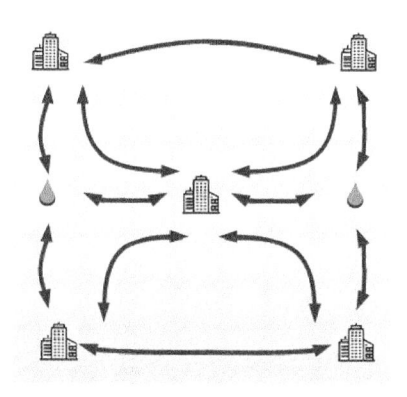

图 6-6　高级水网工程图

6.3　区域综合水价形成机制分析

6.3.1　指导思想

以习近平新时代中国特色社会主义思想为指导，全面贯彻落实"节水优先、空间均衡、系统治理、两手发力"的治水思路，坚持以人民为中心的发展思想，统筹发展和安全，以全面提升水安全保障能力为目标，坚持立足全局、保障民生、节水优先、空间均衡、人水和谐、绿色生态，系统谋划、风险管控，改革创新、两手发力的工作原则，加快构建"系统完备、安全可靠，集约高效、绿色智能，循环通畅、调控有序"的国家水网，实现经济效益、社会效益、生态效益、安全效益相统一，为全面建设社会主义现代化国家提供有力的水安全保障。到 2035 年，基本形成国家水网总体格局，构建与基本实现社会主义现代化相适应的国家水安全保障体系。充分发挥市场和行政两个机制的作用，深化多水源供水区域综合水价改革，加快建立以优化配置水资源、促进水资源健康可持续利用为核心的水价形成机制，充分发挥水网工程的综合效益，探索适合水网工程给供水特点的改革模式，为进一步全面推进区域综合水价改革积累经验、奠定基础。

6.3.2 基本原则

1. 坚持补偿成本，保障供水工程和设施良性运行的原则

坚持补偿成本，合理收益，受益者负担的原则。为了保障供水工程和设施的良性运行，对于工程中公益性部分，由各级政府纳入财政预算，明确由财政定期划拨给供水公司，以保证水利工程的正常运营；对于供水公司管理的经营性资产部分，在水利工程供水存在政策性亏损的阶段，应加强成本核算，努力提高供水管理水平，政策性亏损部分由财政给予足额补贴。一旦水价达到正常水商品交换价格的水平，供水公司对经营性资产的经营管理实行"自主经营，自负盈亏"的市场经济原则。真正实现经营性水利资产通过市场化运作得到合理补偿、公益性资产由政府给予足额补贴。

2. 坚持绿色发展，促进节水减排和水资源可持续利用的原则

按照高质量发展要求，坚持节约资源和保护环境的基本国策，坚持源头防控，坚持调整产业结构、能源结构，坚持"四减四增"，树立和践行绿水青山就是金山银山的理念，调整行为方式，统筹解决河湖水资源、水灾害、水环境、水生态问题，提升水环境质量，使河湖宁静、和谐、美丽，实现水清河畅、岸绿景美、河湖安澜。加快建立健全能够充分反映市场供求和资源稀缺程度、体现生态价值和环境损害成本的资源环境价格机制，完善有利于绿色发展的价格政策，将生态环境成本纳入经济运行成本，撬动更多社会资本进入生态环境保护领域，促进资源节约、生态环境保护和污染防治。

绿色发展就是坚持节约能源和保护环境，形成人与自然和谐发展现代化建设新格局，推进美丽中国建设。打造集合理开发、利用、节约和保护水资源，防治水害发生，可持续利用水资源，有利于水土保持工作，促进经济发展于一体的绿色水利工程建设管理。水利工程的管理体系必须要与现有的经济管理体系相融合，形成一套绿色的水利工程总体规章制度，在实际的建设管理过程中真正地做到社会效益与经济效益齐头并进，以生态保护环境为重中之重的核心模式，这样才能够让水利工程向着绿色可持续方向稳步迈进，为工程的节水减排，水资源的可持续利用打下坚实的基础。

3. 坚持合理配置，促进多种水源合理配置，解决地下水地表水超载、超指标用水的原则

鼓励使用地表水，限制开采地下水。认真落实地下水压采、限采、禁采等管理要求，通过节水改造、水源置换、调整结构等方式，严格地下水的管理与保护，逐步压缩超采区地下水开采量，促进地下水采补平衡。依据水资源合理配置的抑制需水、有效供水和保护水质三大基本任务，水资源的高效利用和有效保护就成为胶东调水工程总体规划的重要基石和前提。由于胶东的供水系统目前明显存在超指标用水及地下水、地表水超采等问题，胶东调水工程的主要供水目标是满足胶东发展用水需求，促进多种水源合理配置，解决地下水地表水超载、超指标用水的问题。

6.3.3 框架体系

1. 调水工程综合水价改革

推行调水工程区域综合水价改革，科学确定长江水、黄河水以及本地参与调水工程调度配置的水源（本地配置水）的供水价格，完善水利工程供水价格形成机制。根据水利工程供水分类，科学制定供水价格，农业用水价格逐步提高到补偿运行维护成本的水平，工业、城镇等非农业用水价格提高到微利水平，保障水利工程供水企业持续稳定运营。探索建立区域综合水价制度，建立客水与当地水、地表水与地下水综合成本价格的水价形成机制，合理制定长江水、黄河水等客水资源供水价格，提高地下水供水价格，促进水资源节约利用。借鉴供气、供电的做法与经验，研究水网统一水价形成机制。

2. 受水区推行区域综合水价改革

为了充分发挥价格机制作用，优化水资源配置，促进水资源集约节约利用，决定在受水区开展多水源区域综合水价改革工作（图6-7）。主要包括建立区域综合水价改革工作机制，凡具备多个水源供水的市、县要建立由发展和改革部门牵头，财政、水利等部门参加的区域综合水价改革工作机制，研究制定工作方案，明确责任主体和工作进度，形成工作合力，科学组织实施本地区域综合水价改革工作。向所有多水源受水区覆盖，探索推行区域综合水价改革。

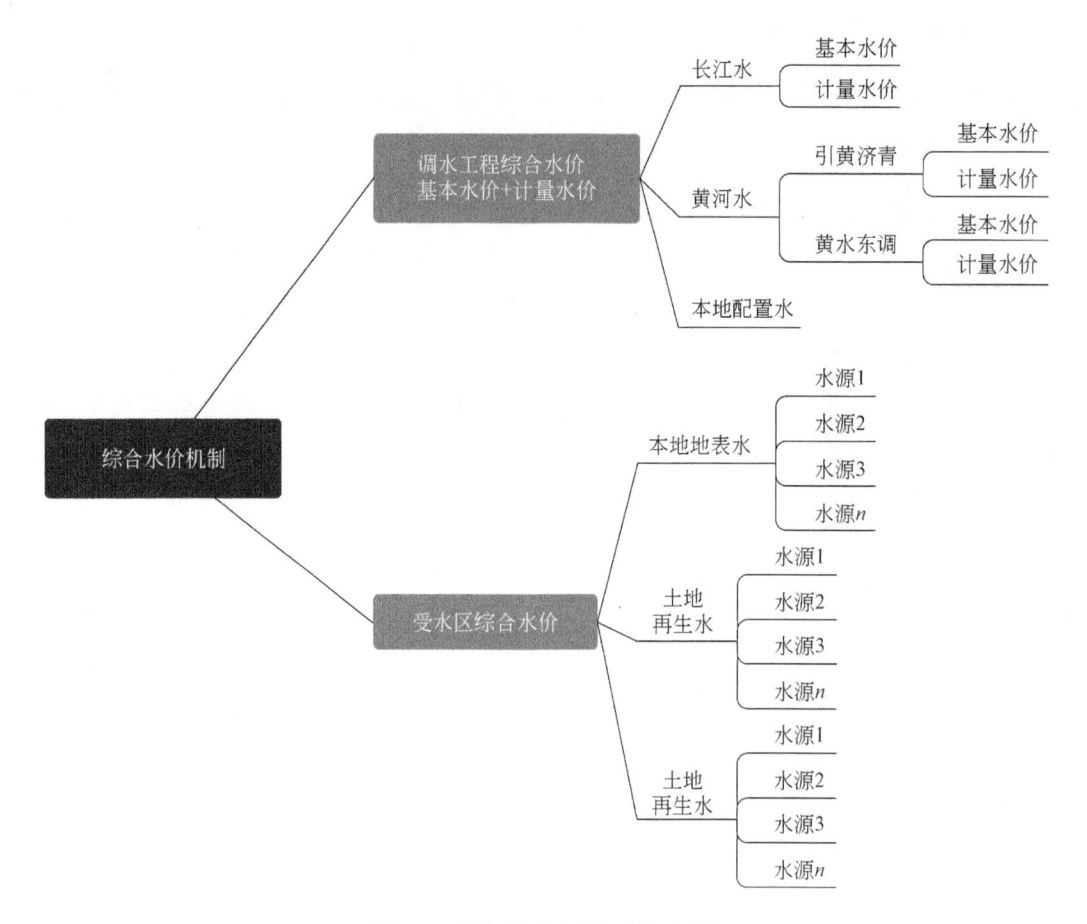

图 6-7　绿色综合水价机制框架图

6.4　区域综合水价模型构建

6.4.1　模型构建思路

为了解决水网工程定价存在的不足，对中国电网和天然气网价格形成机制及改革历史进行研究。通过查阅大量关于电价和天然气价的资料发现它们的价格形成机制的共同点，即对原始资源费用和输运费用分开进行核算。例如，《销售电价管理暂行办法》规定终端的销售电价是由上网电价、输配电价和一些其他价格组成的。《天然气管道运输价格管理办法（暂行）》规定国家管网集团应当将管道输运业务与其他业务分离，实行财务独立核算。在后续的价格改革过程中，也发现了这种定价模式的先进性。

在天然气价格形成机制中，对天然气商品、输运和储存服务分开定价的机制使每种服务的获得成本更为明确，不仅可以据此设计最优化地满足买方的特定需求供应服务组合，还可以利用天然气市场流动性强的特点使天然气现货价格更能准确地反映其目前的市场价值，从而使定价变得更有效率。在推行分开输运和销售环节的价格市场化改革后，天然气定价机制具有更好的可预测性和透明度，现在的价格更多地与国际价格挂钩。

同时，电网中关于上网电价和输配电价的改革也取得了明显成效。分开核定输配电价和上网电价的机制改变了电网经营企业通过电能购售差价获取收益的盈利模式，发电生产者与大用户或售电公司可以直接交易电力产品，成交的价格完全由市场决定，发电上网电价降低所释放的红利能够直接传导至用户侧，电网企业必须专注于提高输配电服务水平和降低运行成本来获取合理收益。电网企业为发用电主体提供无差别的交易与输电平台，奠定了现代化电力市场建设的基础。在 2018 年对五大区域电网工程输电价格重新核定后，累计核减电网企业准许收入约 600 亿元，市场化程度也有显著提高，市场化交易电量逐年递增。

目前，我国针对工程水价的核定实行基本水价和计量水价相结合的两部制水价，没有对水价的原始资源费用和输运费用进行区分。在实行水网工程水价改革的过程中，这种定价机制已经呈现出一定的局限性，而电网和天然气网价格改革取得的明显成效已经验证了其价格形成机制的先进性。因此，我们考虑借鉴其价格改革经验，并结合水网工程的特点，采用原水价格+输水价格的机制来确定综合水价。

6.4.2 分口门定价模型

当水网工程线路中所含口门数量较少时，分口门定价不会给水价管理带来太大压力，而且便于分清用水成本，因此考虑分口门核算原水价格和输水价格。由于这些工程规模较小，抗风险能力不强，如何通过价格实现成本的回收和工程的可持续运行是关键，考虑到公平合理分摊成本的原则，以各口门的输水距离为基础计算各口门的输水价格。

设在某水网工程中共有 n 个供水口门，则第 i 个供水口门的综合水价为

$$cp_i = op_i + tp_i \tag{6-1}$$

$$op_i = \frac{to_i}{w_i} \tag{6-2}$$

$$tp_i = \frac{TC}{\sum_{1}^{n} w_i \times d_i} \times d_i \tag{6-3}$$

式中，cp_i 为 i 口门的综合水价，元/m³；op_i 为 i 口门的综合原水价格，元/m³；tp_i 为 i 口门水源的输水价格，元/m³；to_i 为 i 口门的综合原水费，即 i 口门通过调水工程引调的各类地

表水的原水费之和，元；w_i 为 i 口门各类水源的分水量之和，m^3；TC 为水网工程各口门除原水费之外的总成本之和，元；d_i 为 i 口门所分配水源在调水线路中的输水距离，m。

在式（6-3）中，需要讨论的是 d_i 的确定，根据 d_i 的不同，可以将各口门独立定价的水价方案分为综合水价方案 A1 和综合水价方案 A2。

综合水价方案 A1（d_i 取实际距离）：该方案为以实际物理输水距离为基础分口门的综合水价方案。针对初级、中级和一些简单的高级水网工程，水源较少，水源点在水网工程中的分布范围较小，如何利用价格实现成本的回收和工程的可持续运行是关键，按水源的实际流动距离计算输水价格可以有效地保证工程成本的回收。

综合水价方案 A2（d_i 取概化距离）：在未来形成水网工程以后，水资源在水网工程中的流动将基本不受区域以及工程的限制。而将水网工程中的一个工程的一个取水点作为综合水价过路费计价的起点将会使同一区域水网工程内部不同口门不同城市由于距取水口距离相差过大，同一工程内水价相差过大，会造成水价过高地区懈怠用水，转而使用水价偏低的当地水，不利于水资源的优化配置。而水价过低的地区会由于水价偏低，轻视科学用水，造成水资源的浪费，区域水网工程的作用会受到限制，不利于工程的可持续运行。因此，考虑选取一个工程的中心点作为综合水价过路费计价的起点，同时，这个中心点服务于未来的区域水网管理和调度。过路费中心点的确定使区域水网工程内部的各地综合水价不至于相差太大，达到鼓励各地区均衡用水，优化水资源配置的作用。

6.4.3 分区域定价模型

随着水网工程规模的增大，水网工程中涉及的分水口门也越来越多，水网所跨区域的数量也随之增多，有时候可能会跨越数十个行政区。此时，如果我们仍采取分口门确定综合水价的方案，由于口门数量的增多且各口门处在不同城市的管理和运行下，水费收缴制度的差别仍然会使水网工程的科学管理受限。通过借鉴电、天然气输运价格的定价经验，为了便于水网整体的管理，考虑以区域为单位进行水价的综合，分区域确定综合水价。

设水网工程中第 i 个区域中有 n 个分水口门，则该区域的综合水价为

$$CP_i = OP_i + TP_i \tag{6-4}$$

$$OP_i = \frac{\sum_1^n to_i}{\sum_1^n w_i} \tag{6-5}$$

$$TP_i = \frac{\sum_1^n d_i}{n} \cdot \frac{TC}{\sum_1^n w_i \times d_i} \tag{6-6}$$

式中，CP_i 为 i 区域的综合水价，元/m³；OP_i 为 i 区域的综合原水价格，元/m³；TP_i 为 i 区域的输水价格，元/m³；to_i 为 i 口门的综合原水费，元，即该口门通过调水工程引调的各类地表水的原水费之和；w_i 为 i 口门各类水源的分水量之和，m³；TC 为水网工程各口门除原水费之外的总成本之和，元；d_i 为 i 口门所分配水源在调水线路中的输水距离，m。

与各口门独立定价的综合水价方案类似，各区域独立定价的水价方案可以根据 d_i 的不同分为两个方案。

综合水价方案 B1（d_i 取实际距离）：以物理输水距离为基础核算输水水价，最终可以得到分区域的综合水价方案 B1。该方案适用于跨区域的水网工程，在各区域独立定价的过程中，可以根据工程的规模选择县级区域、市级区域或者省级区域。

综合水价方案 B2（d_i 取概化距离）：以概化距离为基础核算输水水价，最终可以得到分区域的综合水价方案 B2。该方案对水网工程的网络化程度要求较高，主要适用于跨区域的高级水网工程。

6.4.4 统一定价模型

水网工程建成以后，通过推进供水灌溉工程建设，结合骨干网和省市县级网，沟通多种水源，构建多源互补、互为备用、集约高效的城市供水水源格局。优化农村供水工程布局，推进城乡供水一体化，提升农村供水标准和保障水平。提升现有工程的供水能力，提高重点区域和城乡供水保障能力，将全面增强水利工程的供水保障能力，实现水资源利用的高度综合化。

统一输水水价综合水价方案是适用于在水网工程建成以后，水网工程能够正常运行状态下的一种高度综合的水价方案。统一输水水价综合水价方案的输水水价以区域水网工程的总成本为基础，结合区域水网工程的分水量，计算出不分口门不分城市不分距离的高度综合的水价方案。

设水网工程中有 n 个分水口门，则水网的综合水价为

$$CP = OP + TP \tag{6-7}$$

$$OP = \frac{\sum_{1}^{n} to_i}{\sum_{1}^{n} w_i} \tag{6-8}$$

$$YP = \frac{TC}{\sum_{1}^{n} w_i} \tag{6-9}$$

式中，CP 为水网工程综合水价，元/m³；OP 为水网工程的综合原水费，元/m³；TP 为水

网工程的输水费用，元/m³；to$_i$ 为 i 口门的综合原水费，元/m³；w_i 为 i 口门各类水源的分水量之和，m³；TC 为水网工程各口门除原水费之外的总成本之和，元。

6.5 案例研究——以胶东水网工程为例

6.5.1 供水价格梳理

2016 年，《山东省物价局关于引黄济青工程和胶东调水工程调引黄河水长江水供水价格的通知》（鲁价格一发〔2016〕94 号）对引黄济青工程和胶东调水工程调引黄河水、长江水供水价格相关政策进行调整，分口门、分水源核定了基本水费和计量水价，具体如表6-2 所示。

表 6-2　各口门输水基本水费与计量水价表

工程	口门	输水基本水费/万元	计量水价/（元/m³）	
			黄河水	长江水
引黄济青工程		10 663.8	0.667	2.107
胶东调水工程	双王城水库	241.43	0.265	1.059
	潍北平原水库	241.43	0.296	1.175
	峡山水库	724.19	0.392	1.313
	宋庄			
	平度	132.33	0.572	1.535
	莱州	679.16	0.826	1.885
	招远	777.49	1.101	2.308
	龙口	1 119.51	1.514	2.763
	蓬莱	1 164.87	1.694	2.975
	栖霞	571.44	1.874	3.155
	福山	4 728.1	2.17	3.452
	牟平	825.33	2.7	3.981
	米山水库	6 484.91	2.965	4.246

注：输水基本水费为年缴纳金额。

2020 年，《山东省发展和改革委员会关于明确胶东调水和黄水东调工程调引黄河水长江水价格的通知》（鲁发改价格〔2020〕1426 号）对胶东调水工程和黄水东调工程的水价进行了调整，分口门制定了基本水费和综合计量水价，具体调整如表6-3 所示。

表 6-3 各市县分口门基本水费，长江水、黄河水计量价格和综合计量水价表

口门名称	胶东调水工程			黄水东调工程		各口门基本水费与计量水价	
^	基本水费 /（万元/a）	长江水 计量水价 /（元/m³）	黄河水 计量水价 /（元/m³）	黄河水		
^	^	^	^	基本水费 /（万元/a）	计量水价 /（元/m³）	基本水费 /（万元/a）	综合计量水价 /（元/m³）
高密	241	1.43	0.459	615.93	2.16	856.93	1.68
青岛	14 563.43	1.842	0.591	7 818.86	2.16	22 382.29	1.51
双王城水库	354.48	1.012	0.248			354.48	0.69
潍北平原水库	140.94	1.144	0.281			140.94	0.83
峡山水库	818.31	1.221	0.325			818.31	0.96
潍北二库				3 247.94	1.144	3 247.94	1.14
宋庄				4 916.15	1.82	4 916.15	1.82
平度	162.15	1.463	0.501	130.7	2.55	292.85	1.49
莱州	388.68	1.782	0.721	424.61	2.55	813.29	1.79
招远	290.39	2.189	0.897	392.09	2.56	682.48	2.08
龙口	382.53	2.629	1.282	424.61	2.59	807.14	2.25
蓬莱	719.53	2.772	1.425	392.09	2.59	1 111.62	2.29
栖霞	297.49	2.871	1.524	163.22	2.59	460.71	2.45
福山	3 218.86	3.091	1.744	1 192.22	2.59	4 411.08	2.44
牟平	771.92	3.564	2.217	163.22	2.59	935.14	2.93
米山水库	7 369.37	3.641	2.294	1 633.4	2.59	9 002.77	2.93

现行水价形成机制存在的主要问题如下。

（1）水价形成机制仍有待完善

国家发展计划委员会、建设部联合颁布的《城市供水价格管理办法》和国家发展和改革委员会、水利部联合发布的《水利工程供水价格管理办法》分别对城市供水水价和水利工程供水水价的形成机制进行了规范，彻底改变了以往水价属性不明、成本核算不完全、形成机制和运行机制不能反映供水产业特点等方面的问题，但无论是城市供水水价还是水利工程供水水价，都只规定了单一的以成本为基础的水价形成机制，对需求定价和作为特定的经济政策手段的水价形成机制缺乏必要的补充，从而导致现行水价形成机制显得过于单调和死板，在一定程度上制约了水价经济杠杆作用的发挥。

（2）水价偏低与水利工程供水生产耗费补偿机制缺失并存

在现行水价体系中，水利工程水价严重低于供水成本的局面至今没有得到根本改善。经过多年的理论研究和实践探索，水利工程供水的商品属性已经得到社会的普遍认可，但由于我国宏观经济政策的影响，以及我国水利工程水价所具有的社会政治水价的职能。在

农业落后和农民贫困问题没有彻底解决之前,水利工程水价难以达到补偿成本、合理收益的商品水价定价原则的要求。因此,要想维持水利工程供水生产的正常运行,就必须建立水价以外的供水生产耗费补偿机制。然而,我国目前对水利工程供水生产耗费补偿既无法达到商品生产的价格补偿要求,又没有形成非价格补偿机制,使水利工程供水生产存在严重的政策性亏损,影响了工程的正常运行和可持续发展。

(3) 工程供水水价与受水区终端水价体系对接不畅

以青岛为例,《山东省发展和改革委员会关于明确胶东调水和黄水东调工程调引黄河水长江水价格的通知》(鲁发改价格〔2020〕1426号)规定了青岛使用胶东调水工程和黄水东调工程的计量水价为1.51元/m³,但是针对用户的第一阶梯基本水价就达到了2.5元/m³,而且青岛本地水源的价格大多在0.36~0.66元/m³。

由于跨流域调水的成本远远大于当地水资源供水的成本,受水区政府部门为了当地GDP的增长,受水区供水部门为了自身的经济利益,不惜牺牲当地农业用水指标,最大限度地采用当地水源,保证当地城市和工业用水。这种状况使得跨流域调水工程管理部门的水费收入极不稳定,受水区降水丰沛时,跨流域调水管理部门收入急剧下降,不能保本运行,简单再生产也不能维持;在受水区枯水年份,跨流域调水工程还能满负荷运行,水费收入相对增加。跨流域调水工程管理部门处于非常被动和尴尬的境地。

6.5.2 常规水价测算

1. 引黄济青与胶东调水工程成本分摊与价格核算

常规的两部制水价的计算方法首先计算供水成本费用,再分别计算工程沿线各分水口门的基本水费和计量水价(取基本水量为0m³)。引黄济青工程测算到青岛棘洪滩水库出口或确定的各具体分水口门,胶东地区引黄调水工程以工程沿线各县、市、区为单位核算,具体结果见表6-4~表6-7。

表6-4 引黄济青工程调引黄河水成本费用分摊与水价核算表

项目	博兴	宋庄分水闸	高密	平度	胶州	即墨	棘洪滩水库	引黄济青全线
一、基本水价项目/万元	2 443.2	2 471.3	64.8	1 508.4	944.2	369.1	1 768.8	9 569.8
(一)职工薪酬/万元	1 597.0	1 558.8	38.8	932.5	590.2	171.4	1 082.9	5 971.6
(二)固定资产折旧费(50%)/万元	166.3	369.3	8.2	356.6	221.0	152.2	238.2	1 511.8
(三)修理费(50%)/万元	461.0	395.5	10.4	150.6	63.0	14.5	281.2	1 376.2
(四)管理费用/万元	218.9	147.8	7.3	68.6	70.0	31.0	166.6	710.2

续表

项目	博兴	宋庄分水闸	高密	平度	胶州	即墨	棘洪滩水库	引黄济青全线
（五）每立方米基本水价单独/元	0.206	0.226	0.006	0.149	0.116	0.056	0.305	
（六）每立方米基本水价累计/元	0.206	0.432	0.438	0.586	0.702	0.758	1.063	
（七）基本水费分摊后总数/万元	185.6	0.0	350.2	1 172.8	1 088.5	606.5	6 166.2	
二、计量水价项目/万元	1 109.4	2 769.4	367.6	703.3	399.9	253.9	1 002.7	6 606.2
（一）固定资产折旧费（50%）/万元	166.3	369.3	8.2	356.6	221.0	152.2	238.7	1 511.8
（二）修理费（50%）/万元	461.0	395.5	10.4	150.6	63.0	14.5	281.2	1 376.3
（三）燃料、动力费/万元	212.3	1 732.6	345.5	0.0	0.0	0.0	290.5	2 580.9
（四）其他直接支出/万元	200.0	117.2	0.0	46.5	23.2	23.2	93.0	503.1
（五）财务费用/万元	69.8	154.9	3.5	149.6	92.7	63.9	99.9	634.3
（六）每立方米计量水价（不含原水费）/元	0.094	0.253	0.034	0.069	0.049	0.038	0.173	
（七）每立方米计量水价累计（不含原水费）/元	0.094	0.347	0.380	0.449	0.498	0.537	0.710	
三、年输水量/万 m³	11 850	10 950	10 950	10 150	8 150	6 600	5 800	
四、年分水量/万 m³	900	0	800	2 000	1 550	800	5 800	
五、每立方米黄河水原水费（含损耗）/元	0.139	0.158	0.168	0.170	0.174	0.177	0.224	
六、计量水价/（元/m³）	0.233	0.504	0.548	0.620	0.673	0.714	0.934	

表6-5 引黄济青工程调引长江水成本费用分摊与水价核算表

项目	宋庄分水闸	高密	平度	胶州	即墨	棘洪滩水库	引黄济青全线
一、基本水价项目/万元	13 175.72	74.56	1 735.64	1 086.45	424.77	2 035.32	18 532.46
（一）职工薪酬/万元	1 793.65	44.64	1 073.05	679.11	197.22	1 246.04	5 033.71
（二）固定资产折旧费（50%）/万元	424.91	9.49	410.31	254.30	175.19	274.04	1 548.24
（三）修理费（50%）/万元	455.10	12.01	173.34	72.49	16.73	323.59	1 053.26
（四）管理费用/万元	170.06	8.42	78.95	80.56	35.63	191.65	565.27
（五）每立方米基本水价单独/元	1.046	0.006	0.147	0.111	0.051	0.273	
（六）每立方米基本水价累计/元	1.046	1.052	1.199	1.310	1.361	1.634	

续表

项目	宋庄分水闸	高密	平度	胶州	即墨	棘洪滩水库	引黄济青全线
（七）基本水费分摊后总数/万元	0.00	841.29	2 397.40	2 029.82	1 088.84	12 175.12	18 532.47
二、计量水价项目/万元	3 072.48	417.25	809.25	460.19	292.15	1 175.61	6 226.93
（一）固定资产折旧费（50%）/万元	424.91	9.49	410.31	254.30	175.19	274.04	1 548.24
（二）修理费（50%）/万元	455.10	12.01	173.34	72.49	16.73	323.59	1 053.26
（三）燃料、动力费/万元	1 879.43	391.77	0.00	0.00	0.00	356.04	2 627.24
（四）其他直接支出/万元	134.81	0.00	53.50	26.75	26.75	107.01	348.82
（五）财务费用/万元	178.22	3.98	172.09	106.66	73.48	114.94	649.37
（六）每立方米计量水价单独（不含原水费）/元	0.24	0.03	0.07	0.05	0.04	0.16	
（七）每立方米计量水价累计（不含原水费）/元	0.24	0.28	0.35	0.39	0.43	0.59	
三、年输水量/万 m³	12 600.00	12 600.00	11 800.00	9 800.00	8 250.00	7 450.00	
四、年分水量/万 m³	0.00	800.00	2 000.00	1 550.00	800.00	7 450.00	
五、每立方米长江水原水费（含损耗）/元	0.830	0.830	0.830	0.830	0.830	0.830	
六、计量水价/（元/m³）	1.074	1.107	1.176	1.223	1.258	1.416	

表 6-6　胶东调水工程调引黄河水成本费用分摊与水价核算表

项目	双王城水库	潍北平原水库	峡山水库	宋庄	平度	莱州	招远	龙口	蓬莱	栖霞	福山	牟平	米山水库	胶东调水全线
一、基本水价项目/万元	2 561	1 146	1 946	0	1 884	3 075	2 694	2 353	2 446	1 235	2 028	3 164	2 656	27 188
（一）职工薪酬/万元	1 512	762	1 291	0	120	812	570	677	537	126	715	529	832	8 483
（二）固定资产折旧费（50%）/万元	394	160	291	0	911	1 096	1 086	654	1 120	579	578	1 528	1 057	9 454
（三）修理费（50%）/万元	504	151	249	0	842	1 105	991	968	745	518	662	1 068	676	8 479
（四）管理费用/万元	150	73	115	0	11	63	46	54	44	12	73	38	91	770
（五）每立方米基本水价单独/元	0.102	0.050	0.092	0.000	0.125	0.210	0.202	0.194	0.225	0.128	0.222	0.575	0.531	
（六）每立方米基本水价累计/元	0.102	0.152	0.244	0.244	0.370	0.580	0.781	0.975	1.200	1.328	1.550	2.125	2.656	

续表

项目	双王城水库	潍北平原水库	峡山水库	宋庄	平度	莱州	招远	龙口	蓬莱	栖霞	福山	牟平	米山水库	胶东调水全线
(七) 基本水费分摊后总数/万元	204	304	1 467	0	148	753	938	1 267	1 440	664	5 658	1 063		13 282
二、计量水价项目/万元	2 042	1 607	1 819	0	2 850	3 681	4 453	4 152	3 108	1 340	3 512	4 317	2 176	35 057
(一) 固定资产折旧费(50%)/万元	394	160	291	0	911	1 096	1 086	654	1 120	579	578	1 528	1 057	9 454
(二) 修理费(50%)/万元	504	151	249	0	842	1 105	991	968	745	518	662	1 068	676	8 479
(三) 燃料、动力费/万元	917	1 125	1 053	0	515	821	1 720	2 256	774	0	2 030	1 080	0	12 291
(四) 其他直接支出/万元	62	103	103	0	200	200	200	0	0	0	0	0	0	868
(五) 财务费用/万元	165	67	122	0	382	460	456	274	470	243	243	641	443	3 966
(六) 每立方米计量水价单独 (不含原水费)/元	0.082	0.070	0.086	0.000	0.189	0.251	0.334	0.342	0.286	0.139	0.384	0.785	0.435	
(七) 每立方米计量水价累计 (不含原水费)/元	0.082	0.151	0.238	0.238	0.427	0.678	1.012	1.354	1.640	1.779	2.163	2.948	3.383	
三、年输水量/万 m³	25 050	23 050	21 050	15 050	15 050	14 650	13 350	12 150	10 850	9 650	9 150	5 500	5 000	
四、设计年分水量/万 m³	2 000	2 000	6 000		400	1 300	1 200	1 300	1 200	500	3 650	500	5 000	
五、每立方米黄河原水费(含损耗)/元	0.147	0.152	0.156		0.159	0.162	0.182	0.186	0.189	0.189	0.189	0.189	0.189	
六、计量水价/(元/m³)	0.228	0.303	0.394	0.238	0.587	0.841	1.194	1.539	1.830	1.968	2.352	3.137	3.572	

表 6-7 胶东调水工程调引长江水成本费用分摊与水价核算表

项目	双王城水库	潍北平原水库	峡山水库	宋庄	平度	莱州	招远	龙口	蓬莱	栖霞	福山	牟平	米山水库	胶东调水全线
一、基本水价项目/万元	23 102	1 146	1 946	0	1 884	3 075	2 694	2 353	2 446	1 235	2 028	3 164	2 656	47 729
(一) 职工薪酬/万元	1 512	762	1 291	0	120	812	570	677	537	126	715	529	832	8 483

续表

项目	双王城水库	潍北平原水库	峡山水库	宋庄	平度	莱州	招远	龙口	蓬莱	栖霞	福山	牟平	米山水库	胶东调水全线
(二) 固定资产折旧费（50%）/万元	394	160	291	0	911	1 096	1 086	654	1 120	579	578	1 528	1 057	9 454
(三) 修理费（50%）/万元	504	151	249	0	842	1 105	991	968	745	518	662	1 068	676	8 479
(四) 管理费用/万元	150	73	115	0	11	63	46	54	44	12	73	38	91	770
(五) 每立方米基本水价单独/元	0.922	0.050	0.092	0.000	0.125	0.210	0.202	0.194	0.225	0.128	0.222	0.575	0.531	
(六) 每立方米基本水价累计/元	0.922	0.972	1.064	1.064	1.190	1.400	1.601	1.795	2.020	2.148	2.370	2.945	3.476	
(七) 基本水费分摊后总数/万元	1 844	1 944	6 387	0	476	1 819	1 922	2 333	2 424	1 074	8 651	1 473	17 382	47 729
二、计量水价项目/万元	1 621	1 607	1 819	0	2 850	3 681	4 453	4 152	3 108	1 340	3 512	4 317	2 176	34 636
(一) 固定资产折旧费（50%）/万元	394	160	291	0	911	1 096	1 086	654	1 120	579	578	1 528	1 057	9 454
(二) 修理费（50%）/万元	504	151	249	0	842	1 105	991	968	745	518	662	1 068	676	8 479
(三) 燃料、动力费/万元	495	1 125	1 053	0	515	821	1 720	2 256	774	0	2 030	1 080	0	11 869
(四) 其他直接支出/万元	62	103	103	0	200	200	200	0	0	0	0	0	0	868
(五) 财务费用/万元	165	67	122	0	382	460	456	274	470	243	243	641	443	3 966
(六) 每立方米计量水价单独（不含原水费）/元	0.065	0.070	0.086	0.000	0.189	0.251	0.334	0.342	0.286	0.139	0.384	0.785	0.435	
(七) 每立方米计量水价累计（不含原水费）/元	0.065	0.134	0.221	0.221	0.410	0.661	0.995	1.337	1.623	1.762	2.146	2.931	3.366	
三、年输水量/万 m^3	25 050	23 050	21 050	15 050	15 050	14 650	13 350	12 150	10 850	9 650	9 150	5 500	5 000	

续表

项目	双王城水库	潍北平原水库	峡山水库	宋庄	平度	莱州	招远	龙口	蓬莱	栖霞	福山	牟平	米山水库	胶东调水全线
四、设计年分水量/万 m³	2 000	2 000	6 000		400	1 300	1 200	1 300	1 200	500	3 650	500	5 000	
五、每立方米长江水原水费（含损耗）/元	1.650	1.650	1.650	1.650	1.650	1.650	1.650	1.650	1.650	1.650	1.650	1.650	1.650	
六、计量水价/(元/m³)	0.895	0.964	1.051	1.051	1.240	1.491	1.825	2.167	2.453	2.592	2.976	3.761	4.196	

2. 黄水东调工程成本分摊与价格核算

由于工程引水入宋庄分水闸后分别经引黄济青线路向青岛棘洪滩水库供水和经胶东调水线路向烟台、威海方向供水。由于工程管理单位不同，管理体制也不同，为合理界定不同产权单位供水成本，采取原水费+过路费的定价模式（表6-8、表6-9）。过路费的计算公式如下：

$$过路费 = 50\%折旧费 + 50\%修理费 + 泵站电费 + 其他直接支出$$

表6-8 黄水东调水源经引黄济青线路的过路费核算表

项目	宋庄分水闸	高密	平度	胶州	即墨	棘洪滩水库
一、基本水费/万元		828.008	2070.020	1604.265	828.008	6003.057
二、供水生产成本/万元	2614.49	364.15	553.71	307.24	190.03	902.86
（一）固定资产折旧费（50%）/万元	369.27	8.24	356.58	221.00	152.25	238.15
（二）修理费（50%）/万元	395.50	10.44	150.64	62.99	14.54	281.21
（三）燃料、动力费/万元	1732.56	345.47	0.00	0.00	0.00	290.50
（四）其他直接支出/万元	117.16	0.00	46.50	23.25	23.25	92.99
三、工程水价（过路费水价）/(元/m³)		0.033	0.088	0.126	0.154	0.310
四、水量损耗价/(元/m³)		0.113	0.154	0.211	0.256	0.453
五、原水费/(元/m³)	1.728	1.728	1.728	1.728	1.728	1.728
六、口门计量水价/(元/m³)	1.728	1.874	1.969	2.064	2.138	2.490

表6-9 黄水东调水源经胶东调水线路的过路费核算表

项目	平度	莱州	招远	龙口	蓬莱	栖霞	福山	牟平	米山水库
一、基本水费/万元	192.50	625.62	577.50	625.62	577.50	240.62	1756.55	240.62	2406.23
二、供水生产成本/万元	2468.40	3221.61	3996.97	3877.87	2638.43	1096.86	3269.87	3676.26	1732.79

续表

项目	平度	莱州	招远	龙口	蓬莱	栖霞	福山	牟平	米山水库
（一）固定资产折旧费（50%）/万元	910.77	1096.39	1086.15	654.23	1120.10	579.35	578.20	1527.85	1056.61
（二）修理费（50%）/万元	842.34	1104.56	991.10	967.90	744.83	517.51	661.90	1068.47	676.18
（三）燃料、动力费/万元	515.29	820.66	1719.72	2255.74	773.51	0.00	2029.77	1079.94	0.00
（四）其他直接支出/万元	200.00	200.00	200.00	0.00	0.00	0.00	0.00	0.00	0.00
三、工程水价/（元/m³）	0.164	0.384	0.683	1.002	1.246	1.359	1.717	2.385	2.732
四、水量损耗价/（元/m³）	0.052	0.095	0.382	0.443	0.497	0.497	0.497	0.497	0.497
五、原水费/（元/m³）	1.728	1.728	1.728	1.728	1.728	1.728	1.728	1.728	1.728
六、口门计量水价/（元/m³）	1.944	2.207	2.793	3.174	3.470	3.584	3.941	4.610	4.956

6.5.3 区域综合水价计算结果

1. 分口门定价方案

综合水价方案 A1：该方案为以实际物理输水距离为基础分口门的综合水价方案（表 6-10）。在表 6-10 中，输水价格的计算依据为各口门距起点实际输水距离，即物理输水距离。输水价格随物理输水距离的增加而递增。各口门原水价格为不区分水源的综合原水水价。

综合水价方案 A2：在胶东调水工程中，宋庄分水闸作为工程的一个重要节点，上游承接各路工程水量汇集，下游向引黄济青方向和胶东调水方向分水，因此将宋庄分水闸作为胶东调水工程的概化中心点。该方案为以概化距离为基础计算输水价格的综合水价方案（表 6-11）。在表 6-11 中，距起点口门距离取口门离概化中心点的概化距离。需要注意的是，由于概化距离对工程的网络化程度要求比较高，因此该方案只适用于高级的水网工程。

2. 各区域独立定价

综合水价方案 B1：该方案为以物理输水距离为基础核算输水价格，分区域的综合水价方案（表 6-12）。在表 6-12 中，各区域的城市输水价格由综合水价方案 A1 中的各口门输水水价综合而来。城市原水价格为不区分水源的综合城市原水价格。

表6-10 综合水价方案A1

口门	博兴	潍北二库	双王城水库	莱州	宋庄	灌北平原水库	招远	龙口	峡山水库	蓬莱	栖霞	福山	高密	平度	胶州	即墨	牟平	菜洪滩水库	米山水库	合计
供水成本、费用/万元	3 678.14	72 999.33	8 860.00	10 426.00	19 182.38	7 778.00	11 676.00	11 873.00	16 824.00	9 245.00	3 790.00	16 441.00	2 625.11	15 148.92	6 319.32	3 140.74	9 776.00	25 872.59	16 982.00	272 637.53
1.职工薪酬/万元	1 596.99	1 418.66	1 512.00	812.00	6 918.36	762.00	570.00	677.00	1 291.00	537.00	126.00	715.00	83.43	2 125.57	1 269.28	368.60	529.00	2 328.91	832.00	24 472.80
2.管理费用/万元	218.90	2 127.99	150.00	63.00	655.96	73.00	46.00	54.00	115.00	44.00	12.00	73.00	15.73	158.56	150.57	66.60	38.00	358.20	91.00	4 511.51
3.折旧费/万元	332.63	20 536.95	788.00	2 193.00	3 277.91	321.00	2 172.00	1 308.00	581.00	2 240.00	1 159.00	1 156.00	35.46	3 355.77	950.58	654.88	3 056.00	1 024.39	2 113.00	47 255.57
4.修理费/万元	922.04	9 521.98	1 009.00	2 209.00	3 510.74	302.00	1 982.00	1 936.00	499.00	1 490.00	1 035.00	1 324.00	44.91	2 332.96	270.96	62.52	2 137.00	1 209.60	1 352.00	33 150.71
4.1大修费/万元	146.78		362.00	951.00	1 360.87	167.00	992.00	592.00	172.00	1 059.00	585.00	595.00	34.26	1 029.84	34.26	34.26	1 322.00	342.62	922.00	10 701.89
4.2日常维修费/万元	775.26		647.00	1 258.00	2 149.87	134.00	990.00	1 344.00	327.00	431.00	450.00	728.00	10.65	1 303.12	236.70	28.26	815.00	866.98	430.00	12 924.84
5.直接材料3-一泵站电费/万元	212.28	6 865.63	1 412.00	1 642.00	3 611.99	2 250.00	3 440.00	4 512.00	2 106.00	1 548.00	0.00	4 060.00	737.24	1 030.00	0.00	0.00	2 160.00	646.54	0.00	36 233.68
6.直接材料4-原水费/万元	125.54	13 390.62	3 762.00	2 847.00	0.00	3 900.00	2 810.00	3 112.00	12 007.00	2 916.00	1 215.00	8 870.00	1 700.90	5 142.41	3 428.58	1 800.80	1 215.00	19 890.12	12 151.00	100 283.97
7.其他直接支出/万元	200.00	1 817.09	62.00	200.00	520.00	103.00	200.00		103.00					300.00	50.00	50.00		200.00		3 805.09
8.财务费用/万元	69.76	17 320.41	165.00	460.00	687.42	67.00	456.00	274.00	122.00	470.00	243.00	243.00	7.44	703.65	199.35	137.34	641.00	214.83	443.00	22 924.20
输水价/(元/m³)	0.00	0.64	0.69	0.73	0.78	1.12	1.19	1.49	1.52	1.77	1.90	2.07	2.07	2.14	2.49	2.52	2.52	2.90	3.06	31.60
1.距起点口门距离/km	0.00	63.91	69.39	73.39	77.88	112.24	118.68	149.32	151.72	177.60	190.00	206.63	207.38	214.00	249.61	252.36	252.09	290.00	306.61	3 162.81
2.水量流动距离/万元	0.00	2 013 165.00	277 576.00	190 814.00	0.00	448 964.00	284 832.00	388 219.00	1 820 676.00	426 244.80	190 000.00	1 508 420.90	331 808.00	1 027 200.00	773 791.00	403 777.60	252 085.00	3 842 500.00	3 066 050.00	17 246 123.30
3.分水量/万m³	900.00	31 500.00	4 000.00	2 600.00	0.00	4 000.00	2 400.00	2 600.00	12 000.00	2 400.00	1 000.00	7 300.00	1 600.00	4 800.00	3 100.00	1 600.00	1 000.00	13 250.00	10 000.00	106 050.00
4.过路成本/万元	3 552.60	59 608.71	5 098.00	7 579.00	19 182.38	3 878.00	8 866.00	8 761.00	4 817.00	6 329.00	2 575.00	7 571.00	924.21	10 006.51	2 890.74	1 339.94	8 561.00	5 982.47	4 831.00	172 353.56
5.单位输水价/(元/m³)	0.01	0.01	0.01	0.01	0.01	0.01	0.01	0.01	0.01	0.01	0.01	0.01	0.01	0.01	0.01	0.01	0.01	0.01	0.01	0.19
原水水价/(元/m³)	0.14	0.43	0.94	1.10	0.00	0.98	1.17	1.20	1.00	1.22	1.22	1.22	1.06	1.07	1.11	1.13	1.22	1.50	1.22	18.93
综合水价/(元/m³)	0.14	1.06	1.63	1.83	0.00	2.10	2.36	2.69	2.52	2.99	3.11	3.28	3.14	3.21	3.60	3.65	3.73	4.40	4.28	49.72

表6-11 综合水价方案A2

口口	博兴	灌北二库	双王城水库	寒窑	宋庄	灌北平顺水库	招远	龙口	峡山水库	蓬莱	栖霞	福山	高密	平度	胶州	即墨	牟平	棘洪滩水库	米山水库	合计
供水成本、费用/万元	3 678.14	72 999.33	8 860.00	10 426.00	19 182.38	7 778.00	11 676.00	11 873.00	16 824.00	9 245.00	3 790.00	16 441.00	2 625.11	15 148.92	6 319.32	3 140.74	9 776.00	25 872.59	16 982.00	272 637.53
1.职工薪酬/万元	1 596.99	1 418.66	1 512.00	812.00	6 918.36	762.00	570.00	677.00	1 291.00	537.00	126.00	715.00	83.43	2 125.57	1 269.28	368.60	529.00	2 328.91	832.00	24 472.80
2.管理费用/万元	218.90	2 127.99	150.00	63.00	655.96	73.00	46.00	54.00	115.00	44.00	12.00	73.00	15.73	158.56	150.57	66.60	38.00	358.20	91.00	4 511.51
3.折旧费/万元	332.63	20 536.95	788.00	2 193.00	3 277.91	321.00	2 172.00	1 308.00	581.00	2 240.00	1 159.00	1 156.00	35.46	3 355.77	950.58	654.88	3 056.00	1 024.39	2 113.00	47 255.57
4.修理费/万元	922.04	9 521.98	1 009.00	2 209.00	3 510.74	302.00	1 982.00	1 936.00	499.00	1 490.00	1 035.00	1 324.00	44.91	2 332.96	270.96	62.52	2 137.00	1 209.60	1 352.00	33 150.71
4.1大修费/万元	146.78		362.00	951.00	1 360.87	167.00	992.00	592.00	172.00	1 059.00	585.00	595.00	34.26	1 029.84	34.26	34.26	1 322.00	342.62	922.00	10 701.89
4.2日常维修费/万元	775.26		647.00	1 258.00	2 149.87	134.00	990.00	1 344.00	327.00	431.00	450.00	728.00	10.65	1 303.12	236.70	28.26	815.00	866.98	430.00	12 924.84
5.直接材料3—泵站电费/万元	212.28	6 865.63	1 412.00	1 642.00	3 611.99	2 250.00	3 440.00	4 512.00	2 106.00	1 548.00	0.00	4 060.00	737.24	1 030.00	0.00	0.00	2 160.00	646.54	0.00	36 233.68
6.直接材料4—原水费/万元	125.54	13 390.62	3 762.00	2 847.00	0.00	3 900.00	2 810.00	3 112.00	12 007.00	2 916.00	1 215.00	8 870.00	1 700.90	5 142.41	3 428.58	1 800.80	1 215.00	19 890.12	12 151.00	100 283.97
7.其他直接支出/万元	200.00	1 817.09	62.00	200.00	520.00	103.00	200.00		103.00					300.00		50.00		200.00		3 805.09
8.财务费用/万元	69.76	17 320.41	165.00	460.00	687.42	67.00	456.00	274.00	122.00	470.00	243.00	243.00	7.44	703.65	199.35	137.34	641.00	214.83	443.00	22 924.20
输水水价/(元/m³)	0.78	0.46	0.08	0.04	0.00	0.34	0.41	0.71	0.74	1.00	1.12	1.29	1.29	1.36	1.72	1.74	1.74	2.12	2.29	19.23
1.距起点口口距离/km	77.88	46.50	8.48	4.49	0.00	34.37	40.81	71.44	73.85	99.73	112.13	128.76	129.51	136.13	171.74	174.49	174.21	212.13	228.73	1 925.38
2.水量流动距离/万元	70 087.50	1 464 750.00	33 924.00	11 661.00	0.00	137 464.00	97 932.00	185 744.00	886 176.00	239 344.80	112 125.00	999 933.40	207 208.00	653 400.00	532 378.50	279 177.60	174 210.00	2 810 656.25	2 287 300.00	11 123 472.05
3.分水量/万m³	900.00	31 500.00	4 000.00	2 600.00	0.00	4 000.00	2 400.00	2 600.00	12 000.00	2 400.00	1 000.00	7 300.00	1 600.00	4 800.00	3 100.00	1 600.00	1 000.00	13 250.00	10 000.00	106 050.00
4.过路成本/万元	3 552.60	59 608.71	5 098.00	7 579.00	19 182.38	3 878.00	8 866.00	8 761.00	4 817.00	6 329.00	2 575.00	7 571.00	924.21	10 006.51	2 890.74	1 339.94	8 561.00	5 982.47	4 831.00	172 353.56
5.单位输水水价/(元/(km·m³))	0.01	0.01	0.01	0.01	0.01	0.01	0.01	0.01	0.01	0.01	0.01	0.01	0.01	0.01	0.01	0.01	0.01	0.01	0.01	0.19
原水水价/(元/m³)	0.14	0.43	0.94	1.10	0.00	0.98	1.17	1.20	1.00	1.22	1.22	1.22	1.06	1.07	1.11	1.13	1.22	1.50	1.22	18.93
综合水价/(元/m³)	0.92	0.89	1.03	1.14	0.00	1.32	1.58	1.91	1.74	2.21	2.34	2.50	2.36	2.43	2.82	2.87	2.96	3.62	3.50	38.14

表 6-12 综合水价方案 B1

城市	滨州		潍坊					青岛				烟台					威海	合计
口门	博兴	双王城水库	潍北平原水库	峡山水库	宋庄	高密	潍北二库	平度	胶州	即墨	棘洪滩水库	莱州	招远	龙口	蓬莱	栖霞	福山	牟平	米山水库	
供水成本、费用/万元	3 678.14	8 860.00	7 778.00	16 824.00	19 182.38	2 625.11	72 999.33	15 148.92	6 319.32	3 140.74	25 872.59	10 426.00	11 676.00	11 873.00	9 245.00	3 790.00	16 441.00	9 776.00	16 982.00	272 637.53
1. 职工薪酬/万元	1 596.99	1 512.00	762.00	1 291.00	6 918.36	83.43	1 418.66	2 125.57	1 269.28	368.60	2 328.91	812.00	570.00	677.00	537.00	126.00	715.00	529.00	832	24 472.8
2. 管理费用/万元	218.90	150.00	73.00	115.00	655.96	15.73	2 127.99	158.56	150.57	66.60	358.20	63.00	46.00	54.00	44.00	12.00	73.00	38.00	91	4 511.51
3. 折旧费/万元	332.63	788.00	321.00	581.00	3 277.91	35.46	20 536.95	3 355.77	950.58	654.88	1 024.39	2 193.00	2 172.00	1 308.00	2 240.00	1 159.00	1 156.00	3 056.00	2 113	47 255.57
4. 修理费/万元	922.04	1 009.00	302.00	499.00	3 510.74	44.91	9 521.98	2 332.96	270.96	62.52	1 209.60	2 209.00	1 982.00	1 936.00	1 490.00	1 035.00	1 324.00	2 137.00	1 352	33 150.71
4.1 大修费/万元	146.78	362.00	167.00	172.00	1 360.87	34.26		1 029.84	34.26	34.26	342.62	951.00	992.00	592.00	1 059.00	585.00	595.00	1 322.00	922	10 701.89
4.2 日常维修费/万元	775.26	647.00	134.00	327.00	2 149.87	10.65		1 303.12	236.70	28.26	866.98	1 258.00	990.00	1 344.00	431.00	450.00	728.00	815.00	430	12 924.84
5. 直接材料 3-泵站电费/万元	212.28	1 412.00	2 250.00	2 106.00	3 611.99	737.24	6 865.63	1 030.00	0.00	0.00	646.54	1 642.00	3 440.00	4 512.00	1 548.00	0.00	4 060.00	2 160.00	0	36 233.68
6. 直接材料 4-原水费/万元	125.54	3 762.00	3 900.00	12 007.00	0.00	1 700.90	13 390.62	5 142.41	3 428.58	1 800.80	19 890.12	2 847.00	2 810.00	3 112.00	2 916.00	1 215.00	8870.00	1 215.00	12 151	100 283.97
7. 其他直接支出/万元	200.00	62.00	103.00	103.00	520.00		1 817.09	300.00	50.00	50.00	200.00	200.00	200.00							3 805.09
8. 财务费用/万元	69.76	165.00	67.00	122.00	687.42	7.44	17 320.41	703.65	199.35	137.34	214.83	460.00	456.00	274.00	470.00	243.00	243.00	641.00	443	22 924.2
城市输水水价/(元/m³)	0.00				1.21					2.51					1.67				1.22	6.61
1. 距中心点距离/km	0.00	69.39	112.24	151.72	77.88	207.38	63.91	214.00	249.61	252.36	290.00	73.39	118.68	149.32	177.60	190.00	206.63	252.09	306.61	3 162.81
2. 水量流动距离/万元	0.00	277 576.00	448 964.00	1 820 676.00		331 808.00	2 013 165.00	1 027 200.00	773 791.00	403 777.60	3 842 500.00	190 814.00	284 832.00	388 219.00	426 244.80	190 000.00	1 508 420.90	252 085.00	3 066 050.00	17 246 123.30
3. 分水量/(万 m³)	900.00	4 000.00	4 000.00	12 000.00	4 817.00	1 600.00	31 500.00	4 800.00	3 100.00	1 600.00	13 250.00	2 600.00	2 400.00	2 600.00	2 400.00	1 000.00	7 300.00	1 000.00	10 000.00	106 050.00
4. 过路成本/万元	3 552.60	5 098.00	3 878.00	4 817.00	19 182.38	924.21	59 608.71	10 006.51	2 890.74	1 339.94	5 982.47	7 579.00	8 866.00	8 761.00	6 329.00	2 575.00	7 571.00	8 561.00	4 831.00	172 353.56
5. 单位输水水价/(元/m³)	0.01	0.01	0.01	0.01	0.01	0.01	0.01	0.01	0.01	0.01	0.01	0.01	0.01	0.01	0.01	0.01	0.01	0.01	0.01	0.19
6. 口门输水水价/(元/m³)	0.00	0.69	1.12	1.52	0.00	2.07	0.64	2.14	2.49	2.52	2.90	0.73	1.19	1.49	1.77	1.90	2.07	2.52	3.06	30.82
综合原水水价/(元/m³)	0.14			0.65				1.33				1.19							1.22	4.53
城市综合水价/(元/m³)	0.14			1.86				3.84				2.86							2.43	11.13

考虑到各区域的经济发达程度不同以及用水的公平性，在计算出区域综合水价后，可以依据各区域的人均年可支配收入比例对综合水价进行调整。表 6-13 为综合水价方案 B1 按各区域人均可支配收入调整后的结果。由表 6-13 可知，调整以后，各区域的综合水价基本与该城市的人均可支配收入呈正相关。

表 6-13　综合水价方案 B1 按各区域人均年可支配收入调整后的综合水价表

	项目	滨州	潍坊	威海	烟台	青岛
调整前	城市综合水价/（元/m³）	0.14	1.86	2.43	2.86	3.84
调整后	人均年可支配收入/元	32 374	37 103	44 612	42 629	51 223
	人均年可支配收入比例	0.16	0.18	0.21	0.21	0.25
	城市综合水价/（元/m³）	0.36	0.40	0.47	0.47	0.56

综合水价方案 B2：该方案为以概化距离为基础核算输水价格，分区域的综合水价方案（表 6-14）。由于该方案的输水距离取的是概化距离，因此对工程的网络化程度要求较高，适用于跨区域的高级水网工程。

表 6-15 为综合水价方案 B2 按各区域人均可支配收入调整后的结果。由表 6-15 可知，调整以后，各区域的综合水价基本与该城市的人均可支配收入呈正相关。

3. 统一定价

统一定价方案是一种理想的情况，即在水网工程中，工程线路分布密集，水源分布均匀，工程中各用户的经济发展水平相差不大。在这一点上，到达每个用水户的供水成本基本相同。然而，密集的施工路线和多样的水源会使定价过程复杂化，给项目管理带来很大的压力。为了减轻水网管理的压力，使水网用户能够公平分配用水，决定采用供水价格与原水价格统一的综合水价方案。

表 6-16 为统一的综合水价方案。原水价格按水资源总成本和工程总供水量计算，供水价格除按水资源成本和工程总供水量计算外，还按工程成本计算。在该方案中，无论地区或口门，水网工程中的每个用户都按照统一的定价方案执行水价。

第6章 综合水价形成机制及测算模型

表 6-14 综合水价方案 B2

城市	滨州 博兴	双王城水库	潍北平原水库	潍坊 峡山水库	宋庄	高密	潍北二库	平度	青岛 胶州	即墨	棘洪滩水库	莱州	招远	龙口	烟台 蓬莱	栖霞	福山	牟平	威海 米山水库
供水成本、费用/万元	3 678.14	8 860.00	7 778.00	16 824.00	19 182.38	2 625.11	72 999.33	15 148.92	6 319.32	3 140.74	25 872.59	10 426.00	11 676.00	11 873.00	9 245.00	3 790.00	16 441.00	9 776.00	16 982.00
1. 职工薪酬/万元	1 596.99	1 512.00	762.00	1 291.00	6 918.36	83.43	1 418.66	2 125.57	1 269.28	368.60	2 328.91	812.00	570.00	677.00	537.00	126.00	715.00	529.00	832
2. 管理费用/万元	218.90	150.00	73.00	115.00	655.96	15.73	2 127.99	158.56	150.57	66.60	358.20	63.00	46.00	54.00	44.00	12.00	73.00	38.00	91
3. 折旧费/万元	332.63	788.00	321.00	581.00	3 277.91	35.46	20 536.95	3 355.77	950.83	654.88	1 024.39	2 193.00	2 172.00	1 308.00	2 240.00	1 159.00	1 156.00	3 056.00	2 113
4. 修理费/万元	922.04	1 009.00	302.00	499.00	3 510.74	44.91	9 521.98	2 332.96	270.96	62.52	1 209.60	2 209.00	1 982.00	1 936.00	1 490.00	1 035.00	1 324.00	2 137.00	1 352
4.1 大修费/万元	146.78	362.00	167.00	172.00	1 360.87	34.26		1 029.84	34.26	34.26	342.62	951.00	992.00	592.00	1059.00	585.00	595.00	1 322.00	922
4.2 日常维修费/万元	775.26	647.00	134.00	327.00	2 149.87	10.65	6 865.63	1 303.12	236.70	28.26	866.98	1 258.00	990.00	1 344.00	431.00	450.00	728.00	815.00	430
5. 直接材料 3—泵站电费/万元	212.28	1 412.00	2 250.00	2 106.00	3 611.99	737.24		1 030.00	0.00	0.00	646.54	1 642.00	3 440.00	4 512.00	1 548.00	0.00	4 060.00	2 160.00	0
6. 直接材料 4—原水费/万元	125.54	3 762.00	3 900.00	12 007.00	0.00	1 700.90	13 390.62	5 142.41	3 428.58	1 800.80	19 890.12	2 847.00	2 810.00	3 112.00	2 916.00	1 215.00	8 870.00	1 215.00	12 151
7. 其他直接支出/万元	200.00	62.00	103.00	103.00	520.00		1 817.09	300.00	50.00	50.00	200.00	200.00	200.00						
8. 财务费用/万元	69.76	165.00	67.00	122.00	687.42	7.44	17 320.41	703.65	199.35	137.34	214.83	460.00	456.00	274.00	470.00	243.00	243.00	641.00	44
城市输水水价/(元/m³)	0.78			0.59					1.74						0.90				2.29
1. 距中心点距离/km	77.88	8.48	34.37	73.85	0.00	129.51	46.50	136.13	171.74	174.49	212.13	4.49	40.81	71.44	99.73	112.13	128.76	174.21	228.73
2. 水量流动距离/(万m³·km)	0.00	33 924.00	137 464.00	886 176.00	0.00	207 208.00	1 464 750.00	653 400.00	532 378.50	279 177.60	2 810 656.25	11 661.00	97 932.00	185 744.00	239 344.80	112 125.00	939 933.40	174 210.00	2 287 300.00
3. 分水量/万m³	900.00	4 000.00	4 000.00	12 000.00	19 182.38	1 600.00	31 500.00	4 800.00	3 100.00	1 600.00	13 250.00	2 600.00	2 400.00	2 600.00	2 400.00	1 000.00	7 300.00	1 000.00	10 000.00
4. 过路成本/万元	3 552.60	5 098.00	3 878.00	4 817.00	19 182.38	924.21	59 608.71	10 006.51	2 890.74	1 339.94	5 982.47	7 579.00	8 866.00	8 761.00	6 329.00	2 575.00	7 571.00	8 561.00	4 831.00
5. 单位输水水价/(元/m³·km)	0.01	0.01	0.01	0.01	0.01	0.01	0.01	0.01	0.01	0.01	0.01	0.01	0.01	0.01	0.01	0.01	0.01	0.01	0.01
6. 口门输水水价/(元/m³)	0.78	0.08	0.34	0.74	0.00	1.30	0.47	1.36	1.72	1.74	2.12	0.04	0.41	0.71	1.00	1.12	1.29	1.74	2.29
原水水价/(元/m³)	0.14			0.65					1.33						1.19				1.22
城市综合水价/(元/m³)	0.92			1.24					3.07						2.09				3.50

表6-15 综合水价方案B2按区域人均可支配收入调整后的综合水价表

项目		滨州	潍坊	威海	烟台	青岛
调整前	城市综合水价/（元/m³）	0.92	1.24	2.32	2.22	2.67
调整后	人均年可支配收入/元	32 374	37 103	44 612	42 629	51 223
	人均年可支配收入比例	0.16	0.18	0.21	0.21	0.25
	城市综合水价/（元/m³）	0.30	0.34	0.39	0.39	0.47

6.5.4 结果分析讨论

1. 统一各水源水价

目前，我国大部分水利工程的供水水价实行区分水源的定价模式。在调水工程中，由于不同水源的地理位置、取水难易程度等不同，调水成本也存在较大差异，造成不同水源供水水价价差较大。一般与受水区距离远的水源比距离近的水源水价高，在这些地区，本地水源或近端水源的使用比引调水源的使用更有竞争力，也导致许多调水工程的效益不能正常发挥，这在长江水和黄河水的使用上尤为明显。南水北调工程是解决中国北方地区水资源严重短缺问题的重要举措，但是由于调水跨度过大，长江水在到达一些受水区时价格将远远高于本地水。为了研究长江水和黄河水水价的价差以及使用情况，本研究选取山东为研究区，分析了胶东调水工程中的水价差异。首先，本研究总结了山东省物价局发布的关于胶东调水工程水价的执行政策（图6-8）。

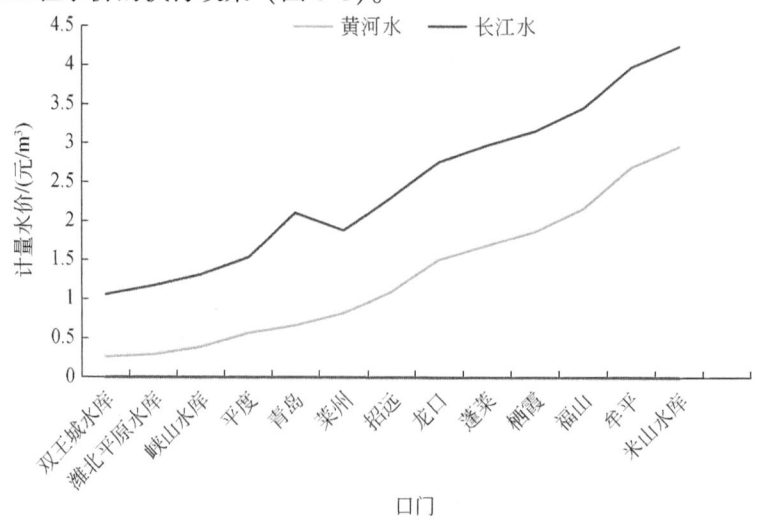

图6-8 胶东调水工程各口门分水源水价

其中各口门水价数据从山东省发展和改革委员会所发布的价费政策中获得

表 6-16 统一综合水价核算表

口门	博兴	潍北 二库	双王城 水库	莱州	宋庄	诸北平原 水库	招远	龙口	峡山 水库	蓬莱	栖霞	福山	高密	平度	胶州	即墨	牟平	燕洪滩 水库	米山 水库
供水成本 费用/万元	3 678.14	72 999.33	8 860.00	10 426.00	19 182.38	7 778.00	11 676.00	11 873.00	16 824.00	9 245.00	3 790.00	16 441.00	2 625.11	15 148.92	6 319.32	3 140.74	9 776.00	25 872.59	16 982.00
1. 职工薪酬/万元	1 596.99	1 418.66	1 512.00	812.00	6 918.36	762.00	570.00	677.00	1 291.00	537.00	126.00	715.00	83.43	2 125.57	1 269.28	368.60	529.00	2 328.91	832.00
2. 管理费用/万元	218.90	2 127.99	150.00	63.00	655.96	73.00	46.00	54.00	115.00	44.00	12.00	73.00	15.73	158.56	150.57	66.60	38.00	358.20	91.00
3. 折旧费/万元	332.63	20 536.95	788.00	2 193.00	3 277.91	321.00	2 172.00	1 308.00	581.00	2 240.00	1 159.00	1 156.00	35.46	3 355.77	950.58	654.88	3 056.00	1 024.39	2 113.00
4. 修理费/万元	922.04	9 521.98	1 009.00	2 209.00	3 510.74	302.00	1 982.00	1 936.00	499.00	1 490.00	1 035.00	1 324.00	44.91	2 332.96	270.96	62.52	2 137.00	1 209.60	1 352.00
4.1 大修费/万元	146.78		362.00	951.00	1 360.87	167.00	992.00	592.00	172.00	1 059.00	585.00	595.00	34.26	1 029.84	34.26	34.26	1 322.00	342.62	922.00
4.2 日常维修费 /万元	775.26	1 817.09	647.00	1 258.00	2 149.87	134.00	990.00	1 344.00	327.00	431.00	450.00	728.00	10.65	1 303.12	236.70	28.26	815.00	866.98	430.00
5. 直接材料3-泵站 电费/万元	212.28	6 865.63	1 412.00	1 642.00	3 611.99	2 250.00	3 440.00	4 512.00	2 106.00	1 548.00	0.00	4 060.00	737.24	1 030.00	0.00	0.00	2 160.00	646.54	0.00
6. 直接材料4-原水 费/万元	125.54	13 390.62	3 762.00	2 847.00	0.00	3 900.00	2 810.00	3 112.00	12 007.00	2 916.00	1 215.00	8 870.00	1 700.90	5 142.41	3 428.58	1 800.80	1 215.00	19 890.12	12 151.00
7. 其他支出 /万元	200.00		62.00	200.00	520.00	103.00	200.00		103.00					300.00	50.00	50.00		200.00	
8. 财务费用/万元	69.76	17 320.41	165.00	460.00	687.42	67.00	456.00	274.00	122.00	470.00	243.00	243.00	7.44	703.65	199.35	137.34	641.00	214.83	443.00
输水水价/(元/m³)	1.29	1.29	1.29	1.29	1.29	1.29	1.29	1.29	1.29	1.29	1.29	1.29	1.29	1.29	1.29	1.29	1.29	1.29	1.29
1. 距惹点口门距离 /km	0.00	63.91	69.39	73.39	77.88	112.24	118.68	149.32	151.72	177.40	190.00	206.63	207.38	214.00	249.61	252.36	252.09	290.00	306.61
2. 水量流动距离 /万元	0.00	2 013 165.00	277 576.00	190 814.00	0.00	448 964.00	284 832.00	388 219.00	1 820 676.00	426 244.80	190 000.00	1 508 420.90	331 808.00	1 027 200.00	773 791.00	403 777.60	252 085.00	3 842 500.00	3 066 050.00
3. 分水量/万元	900.00	31 500.00	4 000.00	2 600.00	0.00	4 000.00	2 400.00	2 600.00	12 000.00	2 400.00	1 000.00	7 300.00	1 600.00	4 800.00	3 100.00	1 600.00	1 000.00	13 250.00	10 000.00
4. 过路成本/万元	3 552.60	59 608.71	5 098.00	7 579.00	19 182.38	3 878.00	8 866.00	8 761.00	4 817.00	6 329.00	2 575.00	7 571.00	924.21	10 006.51	2 890.74	1 339.94	8 561.00	5 982.47	4 831.00
5. 单位输水价/(元/km)	0.01	0.01	0.01	0.01	0.01	0.01	0.01	0.01	0.01	0.01	0.01	0.01	0.01	0.01	0.01	0.01	0.01	0.01	0.01
原水水价/(元/m³)	1.58	1.58	1.58	1.58	1.58	1.58	1.58	1.58	1.58	1.58	1.58	1.58	1.58	1.58	1.58	1.58	1.58	1.58	1.58
分口门综合水价 /(元/m³)	2.87	2.87	2.87	2.87	2.87	2.87	2.87	2.87	2.87	2.87	2.87	2.87	2.87	2.87	2.87	2.87	2.87	2.87	2.87

由图 6-8 可见，在胶东调水工程的各口门中，长江水的计量水价普遍高于黄河水的计量水价。

同时，为了研究山东对长江水和黄河水的使用情况，本研究用供水量达产率这个指标来衡量在调水工程中所分配水资源的实际利用效率。图 6-9 显示了山东 2013～2020 年南水北调东线引调的长江水和黄河水所分配水资源的实际利用效率的变化情况，纵坐标表示历年该水源的取水量与分水指标之比。

图 6-9 山东主要水源供水量达产率

长江水的使用数据由调研取得，黄河水的使用数据在黄河水资源公报上查找获得

由图 6-9 可见，历年来，南水北调东线引调的长江水一直得不到充分使用，供水量达产率常年达不到 60%。与此同时，黄河水每年都被超标使用，超计划用水的概率最高可达到 149%。

由于当前分水源定价模式的存在，受水区不管政府的分水指标，不按政府的分水计划用水，过度使用价高的水资源，减少使用价低的水，造成工程的引调水不能被均衡使用的现象时有发生。近期来讲，长江水的不充分利用会影响南水北调东线工程效益的发挥以及良性可持续运行。远期来讲，黄河水的超标使用不利于水资源配置目标的实现。以上结果说明分水源核算水价的定价模式已经阻碍了胶东调水工程的发展，综合水价是解决这种问题的一个重要途径。

在我国的水资源利用中普遍存在着分配的水资源不够使用，未分配的水资源被过量使用的现象，结果是水资源的供需矛盾越来越尖锐。目前，水资源治理的紧迫需求是转变以往单纯依靠行政命令配置水资源的管理方式，从价格角度控制各类水源的均衡使用。因此，在利用综合水价模型核算原水价格时，考虑不再区分水源，统一各类水源的原水价格，致力于从价格角度促进各类水源的使用，从而促进工程供水效应的发挥，达到提高水资源利用效率的目标。类似胶东调水的工程都可以采取这种综合水价模型来避免水源不均衡使用情况的出现。

2. 用户合理分摊成本

人权是平等的，生存权是平等的，所以用水权也是平等的。本质上，国家水网是以水为基础的流动性物理网络，因此在制定综合水价时必须考虑到水资源的公平性这个基本属性。如何在水网中通过价格促进水资源的公平交易，从而维护社会公平和人类共享发展的权利成为水网水价改革的重要目标之一。目前，各类公共产品的改革程度不一，电、天然气的价格改革历史悠久，天然气价格的改革始于2005年，电价的改革始于1978年，距今都已有几十年的改革历史。它们的价格形成机制比较完善，对水网水价有很大的借鉴意义。为了比较3种资源的价差情况，本研究计算了陕京管道（表6-17）和国家电网（表6-18）中各省（自治区、直辖市）的综合价格的标准差以及南水北调东线一期工程各口门的综合水价的标准差（表6-19）。

表6-17　陕京管道出厂价以及到各省（自治区、直辖市）的输运价格及标准差

（单位：元/m³）

项目	陕西	山西	山东	河北	北京	天津	标准差
出厂基准价	0.83	0.83	0.83	0.83	0.83	0.83	
输运价格	0.14	0.20	0.29	0.30	0.34	0.37	
综合价格	0.97	1.03	1.12	1.13	1.17	1.20	0.08

表6-18　电网中各省（自治区、直辖市）的输电电价、输配电价及标准差　（单位：元/kW·h）

项目	山西	河北	陕西	山东	天津	北京	标准差
输电电价	0.01	0.01	0.02	0.01	0.02	0.03	
输配电价	0.14	0.17	0.16	0.12	0.24	0.39	
综合电价	0.14	0.18	0.18	0.21	0.26	0.41	0.09

表6-19　南水北调东线一期工程各口门基本水价、计量水价及标准差　（单位：元/m³）

项目	南四湖以南	南四湖下级湖	南四湖上级湖—长沟泵站	长沟泵站—东平湖	东平湖—临清邱屯闸	临清邱屯闸—大屯水库	东平湖以东	标准差
基本水价	0.16	0.28	0.33	0.4	0.69	1.09	0.82	
计量水价	0.2	0.35	0.4	0.49	0.65	1.15	0.83	
综合水价	0.36	0.63	0.73	0.89	1.34	2.24	1.65	0.61

表6-17为2005年国家发展和改革委员会发布的价改政策，天然气出厂价为基准价，具体出厂价可以在10%范围内波动，输运价格为政府定价，由国家发展和改革委员会决

定。表 6-18 为国家发展和改革委员会发布的 2020~2022 年的执行电价，通过比较它们之间的差异，发现在同一个工程中，各省（自治区、直辖市）之间综合价格的差别较小，标准差分别仅为 0.08 和 0.09，均不超过 0.1。另外，价格也适当地体现了各省（自治区、直辖市）的价格承受能力，从山西到天津、北京，经济越来越发达，输运价格也有适当的提高。表 6-19 为南水北调东线一期工程的水价，各口门综合水价标准差为 0.61，远远超过电价和天然气价的标准差。

我国关于水资源最为突出的矛盾就是水资源时空分布不均，因此存在许多跨区域较大的调水工程。而某些水资源短缺且经济落后的北部地区为了负担起跨流域调水的水资源，常常需要支付高额的供水水费。由于各工程之间的地形条件、输水距离相差较大，各地区之间的水价也相差较大，尤为受影响的是一些水资源较为贫乏且经济相对较落后的中西部地区。例如，山西中部引黄工程涉及的受水区地处吕梁山区，经济较不发达且整体上水资源比较短缺，调取黄河水需要相当复杂的引水工程和配套输水工程以及很高的扬程和运行成本，该工程的供水成本和水价与其他供水条件简单的调水工程相比过高，更高于受水区的现行水价和近期的用水户水价承受能力。因此，造成工程沿线各口门的供水成本差异较大，其中，位于总干线上的口门，供水成本普遍较低，而位于东西干线及各支线上的口门，供水成本普遍较高，尤其是位于输水线路末端的隰县、汾西、灵石等口门，供水成本最高，这违背了公共资源公平共享的初衷，也是水网工程建成以后需要重点解决的问题。工程水价是制定用户水价的前提和基础，合理的工程水价有助于确保所有用户都能公平地获得水。为了更明显地看出各口门水价之间的差距，本研究计算了各方案的标准差。将用传统方法计算出的各口门水价的标准差与综合水价方案标准差进行了对比。

如表 6-20 所示，传统水价方案 A1、A2 指按照传统方式计算长江水、黄河水水价的方案；水价方案 A1、A2 为分口门的综合水价方案；水价方案 B1、B2 为分城市的综合水价方案；调整方案 B1、B2 指按城市年人均可支配收入调整后的水价方案。

表 6-20　各水价方案标准差

项目	水价方案							
	传统 A1	传统 A2	A1	A2	B1	B2	调整 B1	调整 B2
标准差	1.75	1.66	1.18	0.68	1.06	0.63	0.41	0.30

从表 6-20 可以看出，综合水价方案有效缩小了胶东调水工程中各口门水价的标准差，将各口门水价稳定在了一个比较均衡的水平，随着水价方案综合性的加强，各口门之间的标准差也在缩小。

在综合水价方案中，不再分工程计算供水成本和水价，只核算水网工程的总成本，工程的总成本由接受水网工程供水的所有受水户共同分担。在综合水价各方案中，从分口门的水价方案到分区域的水价方案，再到最后大水网工程统一的综合水价，随着水网工程的综合性越强，水价模型的综合性也在增强，各口门之间的水价价差也越小。综合水价方案有效地缩小甚至消除了各口门之间的水价价差，为促进水资源公平使用，维护人类共同发展的权利做出了努力。

3. 水网水价的市场化改革

自然资源是经济社会发展的重要支撑。《二十一世纪议程》中明确指出自然资源市场中应引入市场机制，通过价格信号的引导作用实现资源的高效配置。同时，市场经济也决定了自然资源价格改革的基本取向是市场定价，发展统一完善的资源交易市场已经成为提高资源使用效率的必然路径。当前，各类资源市场发育程度相差较大，与其他资源相比，水资源的市场化程度较落后，供水企业不能有效参与市场竞争。在现行的工程供水价格核定机制中，政府以水价的成本核算为依据制定水价标准，在发布水价标准后组织价格听证，听取社会公众的反馈意见后再进行修改。在整个过程中政府占据主导作用，并没有将水价放在水市场中进行竞争，各个企业之间缺乏竞争博弈的过程。在很长一段时间内，高成本的供水企业缺少降低供水成本、提升自身管理效率的驱动力，将保持高水价运作。电网和天然气网市场化改革的良好成效为我们提供了水价市场化改革的思路。

通过研究电和天然气的改革经验可知，在自然资源市场中，由于市场的局限性，可以进行市场化的是原始资源费用，资源的输运环节由于具有一定的垄断性，不能直接在市场中进行交易，需要政府的管制。天然气的价格改革历程就很明显地体现了这一点，2016年以来，国家针对天然气产业链出台了多项重量级政策，"管住中间、放开两头"的改革整体方向更加明显，推动形成上游充分竞争、中间统一管网高效集输、下游销售市场充分竞争的市场环境成为主要的改革目标。电网电价市场化改革是围绕上网电价的放开进行的。在上网电价放开之前，电网企业在售电市场的竞争对手数量很少，只有少部分直购电用户可以向发电企业直接购买电力资源，其余用户均需向电网公司购买，统购统销使企业占据自然垄断的优势。随着上网电价销售端的放开，区域电量的分配由计划调配逐步转变为市场竞争，配售电公司的增多给电网内的企业带来巨大的挑战。企业为了及时地适应改革环境，完全融入市场化竞争中，必须以市场和效益为导向，通过多种方式不断提升管理效率和服务水平，在保持完整产业链的基础上，每个企业都在努力实现自身利益最大化，最终实现电能的经济、高效和绿色利用。对于售电侧的市场化改革，可以敦促企业提高管理效率，降低价格水平，最大的受益者是用户，同时可以实现资源的高效配置。由此可知，资源实现市场化的前提之一就是原始资源费用和输运费用的区分。

实际上，传统的定价机制只在某个单一工程内部核定水价，忽略了市场机制的作用，不能保证企业之间的有效博弈。具体来说，中国水网水价市场化改革的基本原则应该是以政府调控的市场定价为指导，结合区域社会经济的可持续发展，统筹兼顾，稳步推进区域产业结构的优化调整。综合水价机制可以做到这一点，通过应用综合水价机制，将原始资源提供环节和输运环节分开，不仅方便对各环节进行针对性管理，还有利于加快培育发展水市场的脚步，促进水资源商品化、市场化的发展，尽早形成有中国特色的水市场运行机制，使中国日益短缺的水资源得到严格保护、合理配置和高效利用。通过价格来干预资源市场，促进经济、社会与环境的可持续发展是世界各国普遍使用的经济手段。在水市场建立以后，合理的综合水价形成机制可以助力水资源管理目标的实现。多种形式的干预为实现政府的水源政策目标，保证水源的供需平衡提供了可能。

6.6 小　　结

　　电及天然气等基础设施价格形成机制较为完善，原始资源价格+输运价格的定价机制对水网工程价格形成机制有较大借鉴价值。涉及水网区域供水的省（自治区、直辖市）参照《水利工程供水价格管理办法》《水利工程供水定价成本监审办法》，因地制宜地制定本地区水利工程供水价格管理及成本监审实施细则，及时开展新一轮成本监审，科学核定水价。充分发挥政府管理和调控作用，强化受水区多水源、多目标供水下的水资源用途管制和取水许可管理，合理确定外调水量年度计划，统筹协调好外调水消纳和本地水开发，为推进区域综合水价改革创造条件。选取部分有条件的省（自治区、直辖市）开展水网区域综合定价改革试点先行，适时推广可借鉴的经验做法，为后续全面推进水网区域综合定价工作提供经验支撑。

　　山东胶东调水工程具有中高级水网特征，水源种类较多，工程分布较为复杂，用水户数量较多，并且现行的水价政策已经呈现出诸多问题，因此胶东调水工程可以作为水网区域综合水价改革的试点，实行综合水价改革。针对水源的管理、工程的运行管理以及用水户的管理，可以分设管理部门，明确责任，对各部门进行针对性管理。针对供水水源较为复杂且价格不一的情况，统一各类水源价格，便于水网内各类水源调度自由，减少各用水部门的矛盾。针对工程的运行管理，目前水网工程的运行管理较为分散，不同工程属不同公司管理，可以先回收责任，再根据各部门职责的不同进行管理权力的下放。针对水网中用水户的管理，可以根据不同市区用水户的数量、种类和用水目的，对用户进行分类管理。

　　考虑到区域水网综合水价的水费计收、财政补贴、价格联动等。建议深入研究以上内容，需要出台水网区域综合定价相关配套政策，指导供水区域开展工作。努力建立起合理长效的综合水价形成机制和管理体制，达到水价管理制度化，通过水价的综合进一步促进水资源的节约保护和高效利用。

第 7 章　结论与建议

1）国家水网工程可持续性的概念可以从时间尺度和空间尺度两方面入手，包含发展度、协调度、持续度 3 个本质特征，其科学内涵体现为资源配置充分性、经济效益合理性、社会影响和谐性、生态环境友好性和管理体系完整性。

2）根据准确性、可行性、定性定量相结合等原则，建立了国家水网工程可持续性评价指标体系，包含资源、社会、经济、生态环境、管理 5 个维度共 20 项指标。

3）资源和管理是影响国家水网工程可持续性最重要的两个因素。人均水资源量、管理体制合理性、受益区供水效益、受益区综合水价、管理智能化水平等是影响国家水网工程可持续运行的主要风险因子。

4）胶东水网工程可持续性评价结果为"高"，与胶东调水工程被水利部认定为全国第一批标准化管理调水工程的结果相符。其资源、社会、经济、生态环境、管理 5 个维度的可持续性评价分别为"很高""高""高""高""很高"。管理维度评价得分最高，资源维度评价得分次之，二者是导致胶东水网工程可持续性高的主要因素，评价结果验证了指标体系及方法的可靠性。

5）针对管理体制合理性指标，基于制度变迁理论，进行了国家水网工程管理体制合理性研究，综合评判后提出方案 3 为国家水网工程管理体制的最佳方案，即把南水北调工程、三峡工程、丹江口水库合并管理，沿线相关水库由地方管理。针对具体的运行管理模式提出以下两点：一是要确保市场化运作、商业化运营和管理模式的确立；二是要确保工程长期稳定运行和滚动开发机制的建立。

6）以智慧能力类指标和成效类指标为框架，构建了智慧管理体评估体系，确定了二级指标、三级指标及其计算方法和智慧化等级。以引黄济青工程的智慧管理体为研究对象，确定指标、分析权重、综合评判，得出引黄济青工程的管理的智慧化水平为良好。

7）应用 CGE 模型定量评估引黄济青工程对青岛社会经济、供用水的影响，得出引黄济青工程对青岛的经济社会发展至关重要。引黄济青工程供水对青岛本地水源的替代作用最为明显，其次为引江水。建议用引黄济青外调水源置换本地用水量，合理开发利用地表水资源，控制地下水开采量，减少地下水利用，实现多种水源联合运用。

8）对水网工程特征和分类及区域综合水价形成机制进行了分析，构建了区域综合水价测算模型。水网工程部分已建工程现行价格机制已经呈现出分口门水价管理困难、水价价差偏大等问题。针对现阶段水网工程呈现出的水源分布较不均匀、水网中心点不明确等问题，建议各水网试点采用各区域独立定价的方案确定水网工程水价，输水距离取实际输水距离，即采用综合水价方案 B2，分城市确定综合水价。从水源和城市的综合水价开始，逐步推进水网工程区域综合水价改革。

参 考 文 献

包怡斐，孙熙．1997．引黄济青工程可持续发展再评估［J］．中国人口·资源与环境，7（2）：57-60．

陈岩．2009．大型建设项目可持续性动态评价研究［J］．科技管理研究，29（4）：53-55．

陈衍泰，陈国宏，李美娟．2004．综合评价方法分类及研究进展［J］．管理科学学报，7（2）：69-79．

程启月．2010．评测指标权重确定的结构熵权法［J］．系统工程理论与实践，30（7）：1225-1228．

邓雪，李家铭，曾浩健，等．2012．层次分析法权重计算方法分析及其应用研究［J］．数学的实践与认识，42（7）：93-100．

窦明，左其亭，胡彩虹．2005．南水北调工程的生态环境影响评价研究［J］．郑州大学学报（工学版），26（2）：63-66．

封丽，程艳茹，封雷，等．2017．三峡库区主要水域典型抗生素分布及生态风险评估［J］．环境科学研究，30（7）：1031-1040．

龚小军．2003．作为战略研究一般分析方法的SWOT分析［J］．西安电子科技大学学报（社会科学版），13（1）：49-52．

顾浩．2009．跨流域调水与可持续发展［J］．北京师范大学学报（自然科学版），45（S1）：473-477．

郭旭宁，何君，张海滨，等．2019．关于构建国家水网体系的若干考虑［J］．中国水利（15）：1-4．

郭旭宁，刘为锋，邢西刚，等．2023．国家水网的理论内涵与战略策略关系［J］．南水北调与水利科技（中英文），21（6）：1055-1063．

胡丹，郑良，李硕，等．2013．南水北调中线明渠工程运行风险评价方法研究［J］．南水北调与水利科技，11（6）：98-101．

胡江霞，文传浩，兰秀娟．2015．三峡库区经济可持续发展的生态压力分析及预测：基于灰色预测模型［J］．技术经济，34（9）：55-60．

胡江霞，文传浩．2021．生计资本、生计风险管理与贫困农民的可持续生计：基于三峡库区的实证［J］．统计与决策，37（17）：94-98．

黄德春，张长征，Upmanu L，等．2013．重大水利工程社会稳定风险研究［J］．中国人口·资源与环境，23（4）：89-95．

蒋云钟，冶运涛，赵红莉，等．2021．智慧水利解析［J］．水利学报，52（11）：1355-1368．

匡尚富，王建华．2013．建设国家智能水网工程提升我国水安全保障能力［J］．中国水利（19）：27-31．

郎启贵，徐森．2008．建设项目可持续性后评价指标体系研究［J］．建筑管理现代化，22（2）：34-37．

李慧敏，吉莉，李锋，等．2021．基于FMEA的调水工程输水渠道运行安全风险评估［J］．长江科学院院报，38（2）：24-31．

李原园，刘震，赵钟楠，等．2021．加快构建国家水网全面提升水安全保障能力［J］．水利发展研究，

21（9）：30-31.

李宗礼，刘昌明，郝秀平，等.2021.河湖水系连通理论基础与优先领域［J］.地理学报，76（3）：513-524.

刘昌明，李宗礼，王中根，等.2021.河湖水系连通的关键科学问题与研究方向［J］.地理学报，76（3）：505-512.

刘辉.2021.国家水网工程智能化建设的思考［J］.中国水利，（20）：9-10.

刘璐.2021.对国家水网的认识［J］.水利发展研究，21（12）：22-25.

刘稳，徐昕，李士雪.2015.基于SWOT分析的"医养结合"养老服务模式研究［J］.中国卫生事业管理，32（11）：815-817，822.

卢亚丽，翟露雨，李战国.2021.水质保证下南水北调工程可持续供应链利益协调分析［J］.华北水利水电大学学报（社会科学版），37（5）：34-41.

吕周洋，王慧敏，张婕．等，2009.南水北调东线工程运行的社会风险因子识别［J］.水利经济，27（6）：36-41，69.

栾春红.2016.熵权法在水利工程EPC项目成本风险评估中的应用［J］.水利规划与设计，（5）：54-56，109.

马力，刘汉东.2022.南水北调工程输水渠道运行安全风险评价［J］.人民黄河，44（3）：138-143.

马婷婷，张长海，陈永栓.2013.南水北调进京南干渠盾构隧洞工程风险评价［J］.人民长江，44：92-93，103.

穆贵玲，邵东国.2014.湖北三峡库区水资源可持续利用评价［J］.灌溉排水学报，33：311-314.

聂常山，赵宇瑶，王延红.2020.南水北调西线一期工程效益分析［J］.人民黄河，42（6）：120-124.

聂相田，范天雨，董浩，等.2019.基于IOWA-云模型的长距离引水工程运行安全风险评价研究［J］.水利水电技术，50（2）：151-160.

聂相田，郭春辉，张湛.2011.南水北调中线工程风险管理研究［J］.中国水利，（22）：37-39.

聂相田，赵天明，庄濮瑞，等.2022.长距离引水工程运行安全风险关联分析及风险传递研究［J］.华北水利水电大学学报（自然科学版），43（2）：45-53.

牛文元.2012.可持续发展理论的内涵认知：纪念联合国里约环发大会20周年［J］.中国人口·资源与环境，22（5）：9-14.

秦欢欢，孙占学，高柏.2019.农业节水和南水北调对华北平原可持续水管理的影响［J］.长江流域资源与环境，28（7）：1716-1724.

仇越，柳长顺，蒋晓辉，等.2024.国家水网工程可持续运行风险研究进展［J］.人民黄河，46（3）：148-155.

尚毅梓，王建华，陈康宁，等.2015.智能水网工程概念辨析及建设思路［J］.南水北调与水利科技，13（3）：534-537.

史晋川，沈国兵.2002.论制度变迁理论与制度变迁方式划分标准［J］.经济学家，（1）：41-46.

汪伦焰，马莹，李慧敏，等.2020.基于模糊VIKOR-FMEA的南水北调运行管理安全风险评估［J］.中国农村水利水电，（10）：194-202.

汪伦焰，袁晨晖，李慧敏，等.2021.基于毕达哥拉斯模糊AHP的南水北调中线总干渠运行风险评价［J］.中国农村水利水电，（1）：152-157，161.

王春枝，斯琴.2011.德尔菲法中的数据统计处理方法及其应用研究［J］.内蒙古财经学院学报（综合版），9（4）：92-96.

王复生，李传奇，张焱炜，等.2019.基于GIS的南水北调东线山东段区域洪灾风险区划［J］.南水北调与水利科技，17（6）：45-53.

王浩，王建华，胡鹏.2021.水资源保护的新内涵："量–质–域–流–生"协同保护和修复［J］.水资源保护，37（2）：1-9.

王浩，王建华.2012.中国水资源与可持续发展［J］.中国科学院院刊，27（3）：352-358，331.

王浩，游进军.2016.中国水资源配置30年［J］.水利学报，47（3）：265-271，282.

王建华，赵红莉，冶运涛.2018.智能水网工程：驱动中国水治理现代化的引擎［J］.水利学报，49（9）：1148-1157.

王志杰，苏嫄.2018.南水北调中线汉中市水源地生态脆弱性评价与特征分析［J］.生态学报，38（2）：432-442.

韦森.2009.再评诺斯的制度变迁理论［J］.经济学（季刊），9（2）：743-768.

魏权龄.2000.数据包络分析（DEA）［J］.科学通报，45（17）：1793-1808.

吴海峰.2016.南水北调工程与中国的可持续发展［J］.人民论坛·学术前沿，（2）：50-57，77.

吴战勇.2014.南水北调中线工程水源地可持续发展评价［J］.南水北调与水利科技，12（4）：72-76.

夏军，石卫.2016.变化环境下中国水安全问题研究与展望［J］.水利学报，47（3）：292-301.

徐宗学，庞博，冷罗生.2022.河湖水系连通工程与国家水网建设研究［J］.南水北调与水利科技（中英文），20（4）：757-764.

杨爱民，张璐，甘泓，等.2011.南水北调东线一期工程受水区生态环境效益评估［J］.水利学报，42（5）：563-571.

杨静灵，王好芳，傅川，等.2018.胶东调水工程水资源优化调度研究［J］.人民黄河，40（5）：58-62，68.

杨子桐，黄显峰，方国华，等.2021.基于改进云模型的南水北调东线工程效益评价［J］.水利水电科技进展，41（4）：60-66，80.

易弘蕾，王幼松，李杨.2014.大型公共建筑可持续性的ISM分析［J］.建筑经济，35（5）：112-115.

丁翔，解建仓，姜仁贵，等.2020.数字水网可视化表达及其与业务融合应用［J］.水资源保护，36（6）：39-45.

虞晓芬，傅玳.2004.多指标综合评价方法综述［J］.统计与决策，20（11）：119-121.

张建云，金君良.2023.国家水网建设几个方面问题的讨论［J］.水利发展研究，23（11）：1-7.

张婕，王慧敏，吕周洋，等.2009.南水北调工程运行期社会风险及管理模式探讨［J］.水利经济，27（4）：47-50，77.

张坤，张宇，曹海东，等.2014.水利工程成本风险的可拓评估模型［J］.工程管理学报，28（5）：47-51.

张千发 . 2018. 山东省胶东调水工程水系连通功能分析［J］. 水利规划与设计,（10）: 18-20, 37.

张万顺, 王浩 . 2021. 流域水环境水生态智慧化管理云平台及应用［J］. 水利学报, 52（2）: 142-149.

张雁, 李占斌, 刘建林, 等 . 2017. 南水北调中线工程商洛水源地可持续发展评价［J］. 西安理工大学学报, 33（2）: 132-137.

赵晶, 毕彦杰, 韩宇平, 等 . 2019. 南水北调中线工程河南段社会经济效益研究［J］. 西北大学学报（自然科学版）, 49（6）: 855-866.

赵勇, 何凡, 何国华, 等 . 2023. 国家水网基础认知与建构准则［J］. 南水北调与水利科技（中英文）, 21（6）: 1049-1054, 1063.

朱嬿, 牛志平 . 2006. 建设项目可持续性概念与后评价研究［J］. 建筑经济, 27（1）: 11-16.

左其亭, 郭佳航, 李倩文, 等 . 2021. 借鉴南水北调工程经验构建国家水网理论体系［J］. 中国水利,（11）: 22-24, 21.

Balkhair K S, Rahman K U. 2017. Sustainable and economical small-scale and low-head hydropower generation: a promising alternative potential solution for energy generation at local and regional scale［J］. Applied Energy, 188: 378-391.

Bento S, Pereira L, Gonçalves R, et al. 2022. Artificial intelligence in project management: systematic literature review［J］. International Journal of Technology Intelligence and Planning, 13（2）: 143.

Chaki S, Biswas T K. 2023. An ANN-entropy-FA model for prediction and optimization of biodiesel-based engine performance［J］. Applied Soft Computing, 133: 109929.

Chapman R J. 1998. The role of system dynamics in understanding the impact of changes to key project personnel on design production within construction projects［J］. International Journal of Project Management, 16（4）: 235-247.

Chen J F, Yang L, Weng Y. 2011. Research on operational risk management of the eastern route of south-to-north water transfer project in China［J］. Advanced Materials Research, 255-260: 2877-2881.

Feng D Y, Zhao G S. 2020. Footprint assessments on organic farming to improve ecological safety in the water source areas of the South-to-North Water Diversion project［J］. Journal of Cleaner Production, 254: 120130.

Guan C L, Yang Y, Chen C H, et al. 2023. Design and application of university laboratory safety evaluation system based on fuzzy analytic hierarchy process and back propagation neural network［J］. International Journal of Applied Decision Sciences, 16（1）: 114.

Hartmann T, Juepner R. 2017. The flood risk management plan between spatial planning and water engineering［J］. Journal of Flood Risk Management, 10（2）: 143-144.

Hreinsson E B, Jónasson K. 2003. Monte Carlo based risk analysis in hydroelectric power system expansion planning in the presence of uncertainty in project cost and capacity. https://api.semanticscholar.org/CorpusID: 18999112［2024-12-15］.

Jang Y, Son J, Yi J S. 2022. BIM-based management system for off-site construction projects［J］. Applied Sciences, 12（19）: 9878.

Karaca F, Raven P G, Machell J, et al. 2015. A comparative analysis framework for assessing the sustainability of a combined water and energy infrastructure [J]. Technological Forecasting and Social Change, 90: 456-468.

Lekan A, Clinton A, Stella E, et al. 2022. Construction 4.0 application: industry 4.0, Internet of Things and lean construction tools' application in quality management system of residential building projects [J]. Buildings, 12 (10): 1557.

Liu Y T, Pan B H, Zhang Z L, et al. 2022. Evaluation of design method for highway adjacent tunnel and exit connection section length based on entropy method [J]. Entropy, 24 (12): 1794.

Nie X T, Zheng Y, Zhang Y, et al. 2022. Diagnosis of critical risk sources in the operation safety of the central route project of south-to-north water diversion based on the improved FMEA method [J]. Wireless Communications and Mobile Computing, 2022: 2096477.

Pryn M R, Cornet Y, Salling K B. 2015. Applying sustainability theory to transport infrastructure assessment using a multiplicative ahp decision support model [J]. Transport, 30 (3): 330-341.

Tung Y K, Mays L W. 1980. Risk analysis for hydraulic design [J]. Journal of the Hydraulics Division, 106 (5): 893-913.

Wang C, Shi G Q, Wei Y P, et al. 2017. Balancing rural household livelihood and regional ecological footprint in water source areas of the south-to-north water diversion project [J]. Sustainability, 9 (8): 1393.

Zhou N, He Y J, Wang F, et al. 2021. Construction of risk diagnosis mode database for South to North Water Transfer Project [J]. IOP Conference Series: Earth and Environmental Science, 643 (1): 012141.

N